景观·建筑

速写与表现

王红英 吴巍 著

 中国水利水电出版社
www.waterpub.com.cn
·北京·

内 容 提 要

本书针对性强，内容上将速写理论和实践相结合，所附大量图例均来自作者多年教学实践，同时对绘画技巧及意境进行了详解，使读者对景观·建筑速写的理解更加深入和深刻。

本书共分为 11 章，内容包括速写概述，速写工具，速写的观察方法与构图，透视原理，线条训练，速写中的配景，速写的基本步骤，民居速写赏析，园林景观速写赏析，欧式景观建筑速写赏析，以及配色速写赏析。

本书可供风景园林、建筑学、环境设计等专业师生使用，也可供从事园林景观设计及技术人员参考使用。

图书在版编目（CIP）数据

景观·建筑速写与表现 /王红英，吴巍著 . —北京
：中国水利水电出版社，2013.7（2017.8 重印）
普通高等教育园林景观类"十二五"规划教材
ISBN 978 - 7 - 5170 - 0865 - 1

Ⅰ.①景…　Ⅱ.①王…②吴…　Ⅲ.①景观设计-速
写技法-高等学校-教材②建筑艺术-速写技法-高等学
校-教材　Ⅳ.①TU986.2②TU204

中国版本图书馆 CIP 数据核字（2013）第 165054 号

书　　　名	**景观·建筑速写与表现**
作　　　者	王红英　吴巍　著
出 版 发 行	中国水利水电出版社 （北京市海淀区玉渊潭南路 1 号 D 座　100038） 网址：www.waterpub.com.cn E - mail：sales@waterpub.com.cn 电话：（010）68367658（营销中心）
经　　　售	北京科水图书销售中心（零售） 电话：（010）88383994、63202643、68545874 全国各地新华书店和相关出版物销售网点
排　　　版	中国水利水电出版社微机排版中心
印　　　刷	北京嘉恒彩色印刷有限责任公司
规　　　格	210mm×285mm　16 开本　13 印张　391 千字
版　　　次	2013 年 7 月第 1 版　2017 年 8 月第 3 次印刷
印　　　数	6001—8000 册
定　　　价	**45.00 元**

作 者 简 介

王红英

　　女，1974 年 5 月生，湖北襄阳人，副教授，硕士生导师，武汉理工大学在职博士，任教于湖北工业大学。主要从事环境艺术设计、风景园林设计等相关教学与研究工作。主持基金 3 项，主编教材 2 部，发表文章 20 余篇。

吴 巍

　　男，1971 年 10 月生，湖北英山人，教授，硕士生导师，武汉理工大学在职博士，任教于湖北工业大学。主要从事建筑学、风景园林、景观设计等方面的教学与研究工作。近几年完成科研项目多项，出版著作 5 部，获多个设计奖项。

本书基于两位作者多年来的教学经验和实践成果著述而成。与其说本书是授予读者技法不如说是笔者力求将教学与实践中的所感、所悟和所得全面地奉献给读者，因为我们深知法无定法，无法之法，是为至法。

景观、建筑是技术和艺术的结晶，是人类文化的一个重要领域。在中外几千年的文明史中，产生了大量的景观、建筑精品，至今它们依然熠熠生辉。各类景观、建筑形象就成了历代画家和设计师情随景移的描绘对象，通过千姿百态的景观、建筑形象或寄情言志，或抒发胸怀，或寻找设计灵感。景观、建筑速写也会因为画者不同的思想情感和观念，使得笔下个性化语言变得丰富多彩。

对于学设计者来说，速写从初学入门到终其一生，应该都是不可缺少的伙伴。速写是一项训练造型综合能力的有效方法，是我们在素描中所提倡的整体意识的应用和发展。速写受限于速写时间的短暂，能锻炼我们敏锐的洞察力，使我们善于捕捉生活中的美好瞬间，培养绘画概括能力，使我们能在短暂的时间内画出对象的特征。通过收集大量的素材，不断地积累速写经验，加深记忆力和默写能力，在潜移默化中培养了设计创作能力。总而言之，速写是感受生活，并且是由造型训练走向设计创作的必然途径。

一幅好的景观、建筑速写不仅要有全面深度的考虑，还应驾驭好表现技法，如线条的组织安排、配景的取舍与选择、构图的组合手法等，以使画面关系达到和谐。更重要的是，速写要体现画面的意境，使画面具有吸引力和感染力。

本书的撰写力求做到结构清晰，针对性强，内容上理论和实践相结合，所附图例十分丰富和精彩，同时对绘画技法和技巧及意境进行了详解，使读者对速写的理解更加深入和深刻。无论对景观和建筑速写表现技法的初学者，还是对有一定基础的景观和建筑设计从业者来说，都具有很强的实践指导意义。

景观·建筑速写这类图书在市面上已经出版较多，尤其是作为教材也有众多版本。笔者从高校环境设计学科类教师的角度出发，以自身对速写的体验，介绍了很多对景观、建筑速写的感悟。

所谓感悟，是用一种感情去表现生活中的美好，而非仅仅画几张速写，更重要的是一种心灵的感受，对生活的感悟，对自然的体验，以及对景观、建筑艺术的追求态度。

感谢中国水利水电出版社编辑淡智慧在本书出版过程中提供的大力支持。感谢弟子李晓檬、刘俊骏、朱甜甜、肖承志、赵大亮的协助。感谢在本书中提供许多观点与建议及帮助的朋友们。由于时间短促，书中难免有不足之处，渴望广大读者朋友不吝赐教！

著者

2013 年 3 月

目录
Contents

前言

第1章 景观·建筑速写概述 1
  1.1 速写基础理论 1
  1.2 速写的概念 5
  1.3 树立结构观念 5
  1.4 速写的目的和意义 6

第2章 景观·建筑速写工具 8
  2.1 用笔的选择 8
  2.2 用纸的选择 11
  2.3 色彩工具的选择 12

第3章 景观·建筑速写的观察方法与构图 16
  3.1 观察与感受 16
  3.2 整体观察的方法 17
  3.3 特征观察的方法 17
  3.4 建筑空间的尺度与比例 18
  3.5 培养美的感受 19
  3.6 速写的意境 20
  3.7 速写的构图 24

第4章 景观·建筑速写透视原理 27
  4.1 透视及其特征 27
  4.2 速写常用透视 28

第5章 景观·建筑速写线条训练 31
  5.1 线条的表现形式 31
  5.2 点线面与黑白灰 33
  5.3 典型线型训练 33

第6章 景观·建筑速写中的配景 40
  6.1 配景的意义 40
  6.2 植物速写画法 40
  6.3 石头速写画法 53
  6.4 水景速写画法 55
  6.5 景观小品速写画法 57
  6.6 交通工具速写画法 63

6.7　人物速写画法 ·· 71

第 7 章　景观·建筑速写的基本步骤 ·· 76

7.1　选择与取景 ·· 76

7.2　取舍与组织 ·· 76

7.3　整体画法步骤 ·· 77

7.4　局部画法步骤 ·· 79

第 8 章　民居速写赏析 ··· 82

第 9 章　园林景观速写赏析 ·· 126

第 10 章　欧式景观建筑速写赏析 ·· 149

第 11 章　配色速写赏析 ·· 160

参考文献 ··· 200

后记 ·· 201

第1章　景观·建筑速写概述

　　速写，是划开混沌宇宙的第一道闪电；速写，是倾吐画家感受的第一注喷泉；速写，是撷取天地能场的第一缕灵气；速写，是留存初恋印象的第一味甘甜。

——著名评论家霍墨先生

1.1　速写基础理论

1.1.1　认识速写

　　速写是一种描绘与记录视觉感受及传达心理情感的绘画形式，速写的起源可以追溯到原始社会，从原始人居住的洞穴中留下的岩画上可以找到印证，那些由简单、质朴的线条所描绘成的图像是速写这一绘画形式形成的最初先河。这些图像应该是先人们源于生活的真实记录（见图1-1和图1-2）。西班牙的阿尔塔米拉山洞洞窟壁画作品，刻画的动物形象非常生动。另外还有许多抽象的图形，如在大壁画中的动物形象的旁边有许多的划道和图形符号，可能都是体现原始人类企图征服野兽的愿望，与狩猎的巫术有关，描绘的形象非常简洁。

　　现代"速写"（sketch）一词是随西方绘画的传入而产生的，是欧洲18世纪以后的艺术家把握瞬间、激发灵感的一种重要手段。其意指在较短的时间内，用简练概括地表现手法，描绘物象的一种绘画形式。西方速写"sketch"，意为草图、纲要、短文、概要、草拟等，表明了速写在技法上所具有的特殊性。简单地说，速写就是快速地描写，这一概念涵盖了两个方面的意思："速"是指这一艺术实践活动的行为速度很快或较快；而"写"则是从艺术表现手法的角度来告诉我们，描绘对象是"写"出来的，所以需要体现出包括造型能力、绘画方式、表现技巧和形式美的规律等方面的内容。速写要求就是在较短的时间里，迅速地将所观察到的物象简明、概括、精练地表现出来，速写作品是作画者内心真实感受与体悟的具体反映，体现着作画者的情感和审美意向。

　　速写与素描都是造型艺术训练的必要方式，是相辅相成的，缺一不可。素描是在相对比较长的时间里所做的造型研究性训练，而速写则更强调在较短的时间内抓住物象的整体感受和形象特征，对物象进行提炼、概括地表现，是造型感受性训练。画速写，既要把握"速"字，更要注重"写"字。"快"与"慢"并非绝对，一幅优秀的景观·建筑速写，可以在几分钟内写就，亦可在3~4小时甚至更长的时间内完成，对速写的认识，不能简单地理解为"快"，而应根据不同对象及不同地表现形式来决定。"写"则最能神形兼备地表现建筑及景物，最能体现作者的情感，最能显示速写本身的艺术感染力。

　　速写是一项训练造型综合能力的好方法，是在素描中所提倡的整体意识的应用和发展。速写的这种综合性，主要受限于速写作画时间的短暂，这种短暂又受限于速写对象的特征。因为速写是以一定的场景、特定的氛围或运动中的物体为主要描写对象，作画者在没有充足的时间进行分析和思考的情况下，必定以一种简约的综合方式来表现。

　　速写的体裁与形式是多种多样的，建筑、景观、风景、静物、雕塑、人物、植物、生活环境与活动场面等

图 1 - 1

西班牙的阿尔塔米拉山洞洞窟壁画窟顶画中有两只受伤的野牛，它们的身躯卷缩成一团，外轮廓被处理为稳定的三角形状。把野牛处于生命的最后时刻，困兽犹斗的特点表现得惟妙惟肖。

图 1 - 2

简练概括的线条把野牛表现得生动传神，体现了原始艺术家敏锐的观察力，以及有活力的艺术表现手法。

都可以纳入画面，设计草图、记录资料，都可以作为速写的题材，借此表达作者对生活的认知和理解。绘画时手脑合一，心到手到，并能信手拈来才可以称得上是达到了速写技法的纯熟境界。

速写表达是设计中的一个重要环节，徒手快速设计作为一种传统设计表现手段，一直保持着自己重要的地位沿用至今，并以其强烈的艺术感染力，直观地表达设计理念。通过艰苦地练习和领悟，方能达到随心所欲地表现。掌握了这种能力，能够快速表达、记录设计者的构思过程，能够快速记录设计的创作灵感，这已被很多设计实践所证明。实际来讲，在方案创作的初始阶段，快捷的草图能够全面地诠释自己的设计和思维，也是一个设计方案的最直接、最直观地反映。而快速表达的技巧，体现了设计者的综合素质，这种综合素质是靠长期训练和学习才能达到的。

在艺术设计教育中，存在一种普遍的认知，认为在艺术设计教育的每一个阶段、每一个设计步骤，甚至是做每一件事，都要找出一套科学合理的程式化模式来。诚然，这在艺术设计起步和发展阶段是必要的。但现在我们希望艺术设计在符合基本规则的前提下更提倡个性化，每一个设计都须有其独特的、个性化的艺术处理，而不是千篇一律，似曾相识。因此，培养个性、鼓励特色发展应该是艺术设计教育中非常重要的一个方面。而速写最能体现个性化与风格的表现，所以画好速写是培养设计特色的重要环节，也是设计师一辈子追求的修养。

1.1.2 设计速写与纯绘画速写的区别

这里所谈的设计速写是为做设计服务的速写。设计速写与纯绘画速写有很多共同之处，即同样是表现立体对象物，同样是以形象和色彩等描绘手段来传达视觉信息，可用很多同样的工具、材料作画。但设计速写与纯绘画速写从根本目的到处理手法都存在着很大的差别。

（1）纯绘画速写是对社会或已有物体的艺术摹写，一般可通过写生描绘；而设计速写则是注重表现设计的特征多一些，一般来说在写生时要带着设计的眼光加以取舍。

（2）纯绘画速写为突出情节或主题思想，可以通过夸张、变形、概括、抽象等艺术处理手法（见图1-3）；而设计速写则要求真实、可信，对所设计的对象的色彩、材质、造型和加工工艺等诸多方面要尽量逼真、写实地描绘出来，为以后的设计积累素材（见图1-4）。

图 1-3

纯绘画速写通过夸张、变形、概括、抽象等艺术处理手法表达画者情感。

图 1-4

设计速写逼真、写实地描绘出建筑的结构、造型和体量等诸多方面，尽量做到严谨、翔实而细致，为以后的设计积累素材。

（3）纯绘画速写在光线的表现上可以丰富多变，借以烘托气氛和意境；而设计速写则对投射光线的方向、强弱、角度不严格限定，以表现明确的体面关系，并使光线问题趋于简化、削弱。

（4）纯绘画速写在表现色彩时，注重强调环境色、条件色，表现色彩的微妙变化和层次；而设计速写则强调物体固有色，单纯如实地反映对象物最常呈现的色彩感觉多一些。

1.1.3　画好设计速写的三个基本功

设计速写的基本功大体上由三个主要方面构成：透视技法、素描色彩基础和构图水平。这三方面是互为联系、互为补充、互为联动的。

首先要掌握透视技法。透视技法就好比是设计速写的骨架，如果骨架搭好了，成功的概率就很高了。要画好景观·建筑速写需要掌握一点透视、两点透视、三点透视与目测透视。

素描色彩基础也是画好设计速写的很重要的方面。对于绘画者来说，素描造型能力、线条表现力尤为重要（见图 1-5）。在欧美的设计表现课程训练中，很大一部分时间用来训练学生素描，从而练就了学生扎实的基本功。欧美设计草图一直保持着世界先进水平是与这种严格的训练方法分不开的。另外色彩的造型能力及艺术素养、艺术感受与审美能力同样能体现在设计能力中。所以素描和色彩的基本功不可忽视。

图 1-5

作品是一幅钢笔素描，描绘的是德国法兰克福市一座雕塑的局部，用笔细腻，表现真实，注重黑白灰的素描关系。

构图是使作品充满表现力、生命力、说服力的重要因素，构图水平的高低，是确定设计速写成败的另一关键。有些画面透视无误，素描色彩关系正确，但画面的构图式样呆板、僵硬，缺乏构图的感染力，这样的设计速写就没有生命力，无法打动人和感染人。

1.2 速写的概念

景观·建筑速写（landscape architecture sketch），顾名思义就是以景观和建筑形象为主要表现对象，用写生的手法，对景观及建筑等环境进行快速表现的一种绘画方式。它以室外环境为主要表现对象，包含建筑及其环境所涉及的使用内容，如自然景物、建筑、植物、小品、设施、人物、车辆、船只等。景观·建筑速写是建筑类专业包括建筑学、风景园林，以及环境艺术设计等学科搜集资料的重要手段，是对景观和建筑的观察和感受的积累，是塑造和组织景观、建筑空间形体及构图能力的训练。

景观·建筑速写用较快的速度来描绘景观建筑等环境，是一种即兴的绘画表现，是对景观及建筑等环境形象熟记于心后的一挥而就，不仅需要在绘画速度上要快捷，同时也要求在观察建筑及景观对象的敏锐性、捕捉对象的整体性等方面的能力进一步提高。一幅成功的景观与建筑速写看起来只是几笔轻松地勾勒和描绘，殊不知这个工作需要大量地训练和摸索才能达到炉火纯青的程度（见图1-6）。

图1-6

这幅作品描绘了圆明园遗址中的一角，以轻松的线条勾勒和描绘出建筑惨败潦倒的景象。尽管着墨不多，看似轻松，但体现了作者深厚的艺术修养。

在景观·建筑速写领域里，它一方面是一种绘画基本功的训练手段和设计的基础，同时，它作为一种独立的艺术形式又具有独立的思考方式和表达方式。景观·建筑速写需要绘画者手、眼和脑并用，通过对描绘对象内容的理解和分析，然后进行刻画。通过这个过程，加深对所画对象的感性理解和记忆，同时也提高了对描绘对象的艺术感受能力。实践证明，景观·建筑速写画得好的人往往心灵手巧，做起设计来灵感迭出，表现快速到位。景观·建筑速写的掌握需要长期的训练，不是一朝一夕就能驾驭的，所谓"拳不离手，曲不离口"，正是对画好速写这一表现形式最好地诠释。

1.3 树立结构观念

文艺复兴巨匠米开朗琪罗曾说过：艺术家用脑，而不是用手去画。这句话精辟地说明画画要讲究方法，掌握事物的本质，会达到事半功倍的效果。在初学景观·建筑速写时，会经常出现这样的情况，面对所描绘的复杂景物，感到不知如何下手，茫然不知所措。或者是兴趣和注意力集中在物象吸引人的某些细节和局部上，并不加选择地把这些客观因素表现出来，虽然花费了很多精力和时间，结果却事倍功半，要么画面仅有相似的物象和杂乱的外表，缺少具有本质性的骨架结构，要么画面整体上缺少必然的联系，形象单薄，主题不突出，画面凌乱等。这些问题的存在，一是初学者速写的功夫不扎实，二是观察技巧上有偏差，但根本原因还是结构造型观念不强，缺乏对物象在结构本质上的深入观察和深刻理解使然。如果一味盲目模仿客观表象的作画方法，进步不快，最终导致失去学习的兴趣，对速写望而却步。因此，必须建立造型的结构观念，要学会正确地观察和理解物象的造型特征。

在景观·建筑速写的学习中，培养和建立对造型的结构观念，是指对描绘物象在解剖结构和形体结构的认识与理解，实现形态结构造型的方式。结构观念的建立，即理解事物的形态，以理性的、科学的观察方法和思想方法，准确捕捉到物象结构本质要素，并运用造型语言揭示出来，成为物象特征和精神意象的充分体现。

在景观·建筑速写的学习中，培养和建立对造型的结构观念，加深对所描绘物象结构的研究与理解，不被事物复杂的表象所迷惑，运用结构造型的方法使速写得到理性的深化和创造性的升华。形状，表示特定事物或物质的一种存在或表现形式，指的是物体或图形的形态、相貌。结构，既是一种观念形态，又是物质的一种运动状态，结是结合之义，构是构造之义，合起来理解就是主观世界与物质世界的结合构造之意思。形状与结构是物体在空间中存在形式的客观反映，它们是相互依存的，共同支配着物体的形态特征和结构特征。

景观·建筑速写即物象的内在结构的外在表达，常见的基本形体有圆形、三角形、梯形、多边形等。在写生时将复杂的形体，解剖为简单基本的几何形体组合，用熟悉的几何形体组合、替换复杂、扭曲的形态，学会从中提炼出物象本质的结构造型因素，提高和发展对所描绘物象本质特征的观念能力与综合能力，由模仿转变为创造性的表现，由被动到主动积极地表现对象，从根本上摆脱盲目造型的局面，有助于徒手准确快速的表现所要表达的内容。

1.4 速写的目的和意义

速写不仅是造型艺术中不可缺少的一种基本功的训练，而且是景观·建筑设计过程中的一种重要的表达手段，它已经普遍成为建筑师表达设计意图的一种重要语言。景观·建筑速写是设计师对客观世界的艺术表达的方式，速写画能锻炼设计师敏锐观察事物塑造形体和准确表达事物的能力，可以用来训练建筑师、园林设计师、景观设计师对事物形象的观察、分析和表现的能力，还可以作为一种独特的艺术语言来进行艺术表现和园林景观设计、建筑设计构思和表达。建筑速写对训练设计师的观察能力，提高审美修养、保持创作激情和迅速准确地表达构思是十分有益的。速写更是设计的前期表现，有助于设计师在它的基础上深入分析和思考，推敲设计，作出更完善的方案。同时速写以其快速、多样的特点，记录设计师头脑中灵感的火花，而速写所积累的知识，丰富了设计师的语言，开拓了设计师的想象力与创造力。景观·建筑速写是衡量建筑设计、规划设计和风景园林设计人员素质和能力的重要标准，因此，速写能力是成功的设计师必须掌握的基本功。

随着科学技术的发展，计算机延伸了人脑和手的功能，但计算机不可能完全代替人，尤其不能代替学习过程中通过徒手练习训练的思维。因此对于景观·建筑表现的基础来说，速写的训练尤为重要，我们应充分地理解与认识景观·建筑速写在今后设计中的作用及地位。景观·建筑速写作为一项造型艺术的基础训练有三种突出的重要意义。

（1）速写能培养敏锐的观察能力，能培养绘画概括能力，使设计师能在短暂的时间内画出对象的特征。能够训练迅速捕捉形象的技能，能够提高设计师对物象敏锐的观察、记忆能力和迅速塑造形象的能力。

（2）速写能为设计创作收集大量素材，在进行设计工作之前，必须先要进行有目的收集相关的素材，如人物类、建筑类、景观类乃至局部特写（见图1−7）等，尽量做到严谨、翔实而细致，作为设计源泉，能够使赋予作品浓厚的生活底蕴。速写是搜集大量的设计资料和储存丰富的形象信息的最主要手段。有利于设计师建筑素养的深化和提高，更有利于提高景观·建筑构思的表达能力，在这里速写起着其他方法无法替代的作用。

（3）速写是由造型训练走向造型创作的必然途径，是理解建筑空间的整体面貌和感悟物体的尺度细节。帮助对建筑形体的把握和透视的理解，是对景观·建筑的观察和感受的积累，是塑造物象形体的训练和组织建筑景象的构图能力的锻炼。梁思成曾说：设计首先是用草图的形式将方案表达出来。所以速写是设计师最为重要的基本功之一，也是生活与设计之间不可缺少的桥梁，它反映了设计师的情感和设计表现意图。

图 1 − 7

这是欧洲街景门头上的雕塑，笔者为收集素材所做的局部速写，运用明暗画法生动地描绘了柱式的形状和雄鹰的姿态。

速写是造型艺术基础能力培养的一种训练手段，速写作为基本功来讲，无论是设计类的学生，如建筑学，环境设计，景观设计、风景园林等各专业，还是纯艺术类专业的学生，都离不开大量的速写训练。

第2章　景观·建筑速写工具

工欲善其事　必先利其器。
画家总是根据自己的喜好或者希望得到的效果来选择作画的工具。

2.1　用笔的选择

在进行景观与建筑速写之前，首先需要做必要的准备工作。工具的选择很重要，缺乏对作画工具的认识及操控力，是画不出好作品的。与其他绘画形式比较来说速写工具简单得多，一般只需钢笔（签字笔）和画纸就基本足够。如果是外出写生，除了习惯用的笔和速写本之外，还需要准备写生用的专用小折叠凳和旅行包。画速写经常用的笔有钢笔、铅笔、马克笔、签字笔、针管笔、彩色铅笔等。这些笔的笔头、形状和大小不同，相应的作画技巧、笔触特点、运笔方式、画面效果和对纸张的要求会有很大差别。在学习过程中熟悉两三种工具即可，不可贪而不精，认真体会不同的工具材料带来的风格多样的表现效果，然后选择一种适合自己的工具充分发挥其表现性能，有利于形成自己的表现特色。

景观与建筑速写常用纸张有素描纸、绘图纸、复印纸、牛皮纸、新闻纸、色纸和速写纸等。不同纸张对表现效果有很大的影响，同一种笔会因纸张的质地不同而效果不同，用什么样的笔决定选择什么样的纸张。比如用钢笔画在光洁的复印纸、牛皮纸效果较好，线条会很清晰，如用宣纸的话就会出现明显的渗化墨点。特别指出的是初学者在尝试使用各种不同的工具和材料时，不要过多地纠缠用什么笔和纸画。其实用什么笔和纸画并无贵贱之分，关键在于能否充分发挥其表现性能，很多熟练的作画者用工具时随手拈来，即可成画，更见性格和魅力。景观与建筑速写的作画时间相对较短，所以通常都选择便捷的工具作画，如钢笔、签字笔、美工钢笔、针管笔、炭笔、铅笔等都是通常用的速写工具，不同类型的画笔所产生的线条表现力也有所差异，画面的效果也是有所不同的。

2.1.1　铅笔

铅笔是平时画景观与建筑速写用得最熟悉且独具特色的工具。它简易、方便，特别适合初学者。铅笔有软铅和硬铅之分，铅笔的型号一般有13种，从6H型到6B型，其中HB型为中性，H～6H型6种为"硬性"铅笔，B～6B型为"软性"铅笔（见图2-1）。所谓的"硬"与"软"其实就是体现在纸面上的"淡"与"浓"，浓淡的程度按数字大小依次排列。一般用于速写的以3B、4B、5B、6B的铅笔为多，运用起来柔和、自然流畅，线条有粗细、浓淡、虚实之分。铅笔能够深入刻画物体的细节部位与明暗关系。我们在画速写时不要老用橡皮去擦画错的线条，即使一次画不准，可以重复多画一条线，这样反而会感到画的对象更加丰富而生动。有时把铅芯削成楔形状，可以画较宽的线条，随着笔画的旋转变化，笔的角度转折和握笔的手劲轻重变化，能产生多变和美妙的艺术效果。铅笔的缺点是不易保存，复印效果较差，而且如果使用不好，画中线条就显得较呆板、平淡，犹如钢丝一样僵硬。所以在掌握用单线条塑造的同时，最好能结合一些明暗调子就更加丰富了。

图 2 - 1 铅笔有软铅和硬铅之分

2.1.2 钢笔

　　钢笔是最方便、最适合快速表达的工具，对钢笔的理解应包括一切储存墨水的硬质笔头的工具，如各种绘图笔、针管笔等，所绘线条刚直有力，是徒手表现的首选工具。同时，钢笔徒手速写能力是衡量一个建筑设计、规划设计、景观设计和室内设计人员水平高低的重要标准之一。景观建筑速写对训练设计师的观察能力，提高审美修养，保持创作激情和迅速、准确地表达构思是十分有益的。钢笔有普通钢笔、美工钢笔和加工钢笔三种（见图 2 - 2）。也可以自己动手制作蘸水钢笔，用尖头钳子在老式的大头笔尖处弯一下即可。普通钢笔画的线条粗细均匀、挺直舒展；美工钢笔画的线条粗细变化丰富，线、面结合，立体感强。加工钢笔根据画者的个人需要进行加工成各种形状，可画出多变的线条。三种钢笔各有特点，可以配合在一起使用，是进行速写练习、收集素材、构思草图等常用的工具。钢笔或签字笔能够利用线条最为快速、准确地表现出建筑的形体结构和光影变化，具有很强的表现力。普通钢笔线条均匀，以线造型清晰流畅，若以不同方向的点线交织，可表现丰富的层次及肌理效果。大多数的人在画景观和建筑速写的时候喜欢选用钢笔或签字笔（见图 2 - 3）作为表现的工具，因为钢笔或签字笔不但价廉、型号多样，而且最为便捷，不需其他橡皮、卷笔刀等附加工具和材料。书法笔或美工笔，是在普通钢笔的基础上笔尖向上弯曲所成，画出的线条可粗细变化，运笔轻重缓急富有书法的节奏美感，适合风格化的表现。

图 2 - 2 各种型号的钢笔

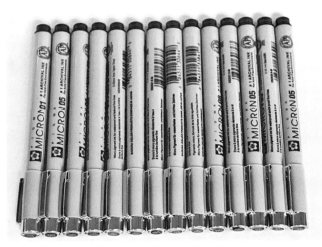

图 2-3 不同型号的签字笔   图 2-4 不同型号的针管笔

针管笔有金属针管笔和一次性针管笔两种，依笔头的粗细分为不同型号，有 0.1cm、0.2cm、0.3cm、0.4cm、0.5cm、0.6cm、0.7cm 等不同型号（见图 2-4），可根据不同的绘制要求选择不同型号的针管笔，其绘制的线条流畅自然，细致耐看。

钢笔速写工具简单，容易携带、绘制方便，笔调清劲、轮廓分明，具有刚劲的气质和其他画种无法与之媲美的表达特点，还可以随时随地进行练习、写生和记录，这也是钢笔画被建筑类速写广泛采用的原因之一。了解钢笔速写的特殊性质，充分认识它与其他画种的不同处理手法，以及研究它随之而来的在造型基本功方面的特殊要求，是掌握景观与建筑速写造型方法的重点。写生应当努力练习和探索相关钢笔材料的表现技巧及运作手法，当把所有的理解、认识和感悟，成功地与材料的运用密切地融为一体，并转化成一种自觉的反应就可让自己的所感所思借助于特定的钢笔自然地转化为形式表达。通过大量地练习，使眼、手、工具在脑的指挥下，每一笔都充满着感情的流露，手中的笔成为身心的一部分，笔尖成为手指的一部分，灵敏而精确，只要坚持不懈并持之以恒，每个人都能成为景观·建筑速写的能手。如图 2-5 所示就是用钢笔画的建筑小品狮子。

铅笔的作用是为了画出深浅不同的线条，钢笔的作用是为了流畅和醒目，毛笔的作用是为了线条的浓淡和粗细。铅笔有软硬之分，铅笔的特点是润滑流畅，适用于以线条及明暗表现对象，铅笔画出线条有粗细、浓淡等画面效果，再画明暗调子时，层次变化丰富，画面较生动。钢笔画出的线条挺拔有力，并富有弹性，调子变化是靠线条的排列组合叠加而成的，画面效果细致深入。美工笔是特制的笔头钢笔，可粗可细，笔触变化丰富，画建筑速写可以线面结合，使画面变化灵活，丰富多彩。

相比之下，铅笔的优点是深浅浓淡变化多，可擦改，易掌握；钢笔种类多，吸墨水的有普通书写钢笔和弯头美工笔及针管笔，它们线条清晰，对比强烈，运笔灵活；美工笔可画纤细、粗扁两种线条，用以勾线和画明暗，但下笔无悔，不可擦改、线无浓淡、墨水易堵；木炭笔浓黑，对比强、变化丰富，运线和涂明暗都好，有可擦性，是速写常用工具，但笔尖磨损快，易折断；炭精条更深更黑，粗大而呈四方形，棱角可画线，侧面可画面，适合画大幅速写，但炭粉容易擦掉或模糊，画好后，须喷固定液；制图用的针管笔，有各种粗细型号，可绘制精细画面。其他还有一次性水笔、蘸水钢笔，以及画家自制竹管笔和鹅毛笔等，均能达到不同的特殊效果。

图 2 - 5

钢笔画的建筑小品狮子，用笔细腻，质感突出，细致经典。

2.2 用纸的选择

　　景观·建筑速写虽然对纸的要求不如国画、水彩画那么严格，但选用什么纸作画也是很重要的。速写常用纸张有复印纸、绘图纸、素描纸、色卡纸、牛皮纸、铜版纸、新闻纸等，不同纸张对表现效果有较大的影响，同一种笔会因纸张的光洁、粗糙、渗墨等特性不同而改变风格。一般来说有专用的速写纸（见图 2 - 6），不过最重要的是要看用哪一种笔作画，如果画的是黑水笔线描的话，可以用 80 克 A4 纸或者表面比较滑的纸，还可以尝试一下用牛皮纸，效果也不错。如果是用炭笔或铅笔作画的，可以用素描纸或者表面比较粗糙的纸，所以要用什么样的纸要看画哪一种风格和使用什么笔。另外，新闻纸因纤维较粗，用炭精条画效果较好，用钢笔画线条会渗化，尤其在起笔和收笔时会出现明显的渗化墨点，用钢笔应选择纸质细腻平滑的纸。用铅笔的纸表面不宜光滑，在铜版纸上就很难发挥铅笔的性能。

　　速写本以其方便而受到欢迎，不同牌子的速写本纸质差别较大，选购时以适合采用的绘画工具为标准（见图 2 - 7）。景观与建筑速写一般均为户外场所进行，出于外出携带方便的考虑，一般选用速写本比较合适。当然，也可以选择铅画纸和复印纸置于一块轻便、平整，具有足够硬度的速写板上进行绘制。不同质地、不同肌理、不同色泽的画纸可以获得不同的画面效果，纸张的选择是视每个人对不同纸张的性能掌握程度及喜爱而定。

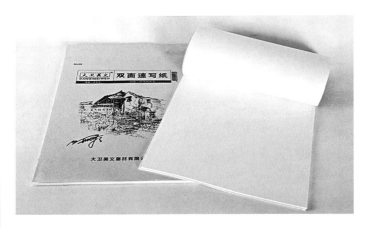

图 2 - 6　简单的速写纸与复印纸

图 2 - 7　各种纸张类型的速写本

在速写本选择方面，如果是铅笔速写本，选用纸张纹理不宜太重，明显的横纹、竖纹都影响画细节，选那种摸上去有一定摩擦力但是又没有明显纹路的，最好是纸质比较细腻，且纸面净白、厚度适宜的速写本。一方面，外出写生时 A3 大小的尺幅还算方便携带，绘制时也正好施展开来以训练整体把握形体的能力，而且有利于画面大小的控制。另一方面，统一的速写本便于整理和保管，等画到一定的年限，统一的速写本会显得格外整体。速写本不要胶装的（普通书那样装订的），这种画到一半翻页很费劲，而且封皮、封底至少有一面是硬纸板的，画的时候很方便。如果买速写纸的话，同时买一木头板的夹子代替硬纸板。

在运用一种工具作画时，画纸表面肌理的凹凸变化和纹理样式同样是画者写生和创作过程中必须考虑的因素。如果是针对景观与建筑速写专业课程教学的话，一般在课程初期，是需要在教室里展开一定阶段的课堂训练的，比如进行线条技法练习和课堂临摹等，经过这个阶段后学生才具备到户外写生的能力。这个训练过程需要使用大量的纸张，这时选用较好的 A4 打印纸就可以了，只是在纸质上要选用较厚点的，至少也是需要 80 克以上的才行。选用打印纸的原因，一方面是由于训练的纸张需求量大，另一方面，也便于教师对作业进行收发和评阅，以及优秀作业的展示等教学要求。

2.3　色彩工具的选择

景观·建筑速写的色彩表现一般是指钢笔淡彩速写，是一种以线条和色彩共同塑造环境的方法。钢笔淡彩传统意义上指的是在钢笔线条的底稿上施以水彩，它的历史较长，在国外已有百余年的历史，在中国也有几十年了。如今钢笔淡彩的范围已经被大大地拓展开了，对于这个"彩"可以理解很多，可以是彩铅，可以是水粉，可以是马克笔，可以是油画棒，只要是能在钢笔线条的底稿上和谐地运用色彩的丰富和微妙来表现物体的立体感、空间层次感，能充分营造画面氛围的方式，都可以大胆尝试。

　　景观·建筑速写钢笔淡彩是以钢笔线条为主要造型手段的基础上，辅以色彩来烘托画面气氛，它是线条与色彩结合的完美再现。钢笔淡彩是绘画艺术中特殊的形式语言，它的作用远远超越塑造物体的要求，成为表达画家思想、感情、意念的重要手段。钢笔淡彩是通过节奏、韵律、动势、力度等来表现情感的。

　　钢笔淡彩表现工具简单且使用范围广泛，倡导关于钢笔淡彩景观·建筑速写表现是顺应时代发展和社会进步的需求，从而满足习者对多种表现形式的渴望。绘画媒材与工具决定了钢笔淡彩的表现形式和表现风格的形成，在今天社会行业需求下，各院校的色彩表现教学内容重点是彩色铅笔与马克笔的综合运用。这类工具体现出携带方便、容易把握、省时达意、收放自如的优势。很多人喜欢用钢笔淡彩表现景色，用较简练的线条表现形体，将很多工作留到后期的色彩处理上去，很多搞园林设计的作品其实就是钢笔淡彩，只是更加精细和程式化而已，许多知名画家也都喜欢用钢笔加色彩表现光影。

　　钢笔淡彩速写包含了两大基本要素：一是钢笔造型，二是色彩造型。钢笔可以解决基本造型问题，起到素描的作用，概括的色彩又可以增加气氛的渲染，增添画面的表现能力。钢笔淡彩速写通常不把画面画满，尤其是靠近边缘处还常常留有空白，色彩较之前也浓重多了，从而加强了表现力。钢笔淡彩表现图的勾线十分讲究，体现出粗细、顿挫及远近、虚实等效果。线条只用来勾画轮廓，而不用去表明明暗关系，色彩通常用彩色铅笔或者马克笔进行颜色平涂或少许明度变化。整个图画的特点是清亮、明快。处理得当，会有一种全新的感觉，但值得注意的是，用色一定要和线条结合起来，否则亮部清淡的颜色会使人感觉轻薄而没有分量。在学习钢笔淡彩手绘时应进行刻画线条和着色两个阶段分步学习掌握学习技法。

2.3.1　水彩淡彩法

　　水彩是透明颜料，它的特点在于清新、典雅、明快，技法丰富，具有很强的表现力（见图2-8）。钢笔水彩相结合经常用于建筑速写，它简便、快捷，能充分体现层次与结构。同时钢笔勾画的线条坚实感和力度感很强，因而对于细部的刻画能做到精细、准确。这亦是钢笔淡彩的一大优势。水彩的这种钢笔淡彩方式画面响亮，表现快捷，正是这种感觉为大多数建筑手绘者所喜爱。水彩颜料的色粒很细，与水溶解后晶莹透明，这也使得其覆盖力较弱，所以在作画上色时应先浅后深，渐次叠加，循序渐进，水彩画面通常给人以湿润流畅、轻薄鲜丽、灵动活泼的感觉。作画时要做到对画面的色彩、明暗心中有数，下笔有神，一气呵成。笔尖颜色要饱满，颜色要均匀，笔触的运用准确。当然，钢笔淡彩与水彩的画面表现还是有区别的，钢笔淡

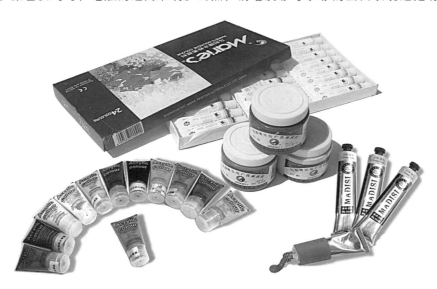

图2-8　各种品牌的水彩颜料

彩的画面表现相对来说要轻松灵动一些，比如很多时候钢笔淡彩的天空都是随意的几笔，飞笔、留白的效果比较常用，而水彩画面就要循规蹈矩画得"满"一些。毕竟，钢笔淡彩更注重钢笔线条的造型，色彩只是用来烘托画面的氛围。有的学生说钢笔淡彩画面就该浅浅淡淡，可是画面上却缺乏基本的明暗关系，缺乏色彩的明度、纯度变化。钢笔淡彩，虽说是"淡彩"，可最起码的色彩关系要考虑到位，才能很好地表达画面效果。

2.3.2 彩色铅笔

彩色铅笔是一种非常容易掌握的涂色工具，画出来的效果类似于铅笔。颜色多种多样，画出来效果清新简淡，便于被橡皮擦去。在各类型纸张上使用时都能均匀着色，流畅描绘，笔芯不易从芯槽中脱落。有单支系列（129 色）、12 色系列、24 色系列、36 色系列、48 色系列、72 色系列、96 色系列等。彩色铅笔分为两种（见图 2 - 9），一种是水溶性彩色铅笔（可溶于水），另一种是不溶性彩色铅笔（不能溶于水）。

无论是概念方案、草图绘制还是成品效果图，彩色铅笔都不失为一种既简便而且效果又突出的优秀表现画具。可以选购从 18～48 色之间的彩色铅笔，"水溶性"彩色铅笔具有较强地表现优势。

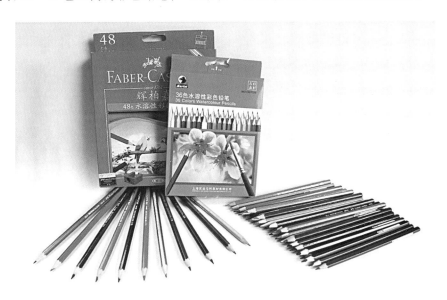

图 2 - 9

36 色系列与 48 色系列的彩色铅笔。

2.3.3 马克笔

马克笔又称麦克笔，通常用来快速表达设计构思，以及设计效果图之用。有单头和双头之分，能迅速地表达效果，是当前最主要的绘图工具之一。

马克笔分为水性、油性、酒精性（见图 2 - 10）。油性马克笔快干、耐水，而且耐光性相当好，颜色多次叠加不会伤纸，柔和。水性马克笔则是颜色亮丽有透明感，但多次叠加颜色后会变灰，而且容易损伤纸面。还有，用沾水的笔在上面涂抹的话，效果跟水彩很类似，有些水性马克笔干掉之后会耐水。所以买马克笔时，一定要知道马克笔的属性跟画出来的样子才行。马克笔这种画具在设计用品店就可以买到，而且只要打开盖子就可以画，不限纸材，各种素材都可以上色。酒精性马克笔可在任何光滑表面书写，速干、防水、环保，可用于绘图、书写、记号、POP 广告等。主要的成分是染料、变性酒精、树脂，墨水具挥发性，应于通风良好处使用，使用完需要盖紧笔帽，要远离火源并防止日晒。

在练习阶段最好选择价格相对比较便宜的水性马克笔。这种水性马克笔的色彩大约有 60 种，在购买时

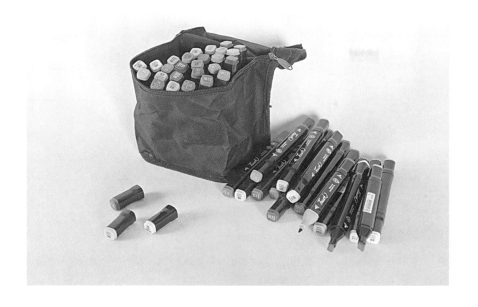

图 2 – 10

马克笔分为水性、油性、酒精性三种。

可以单支选购，并根据个人情况最好能够储备 20 种以上以灰色调为首选的马克笔。

2.3.4 其他材料

　　除上述几种常用手绘画具外，还有特殊类别的笔，如炭笔、炭条、炭精棒、色粉等这些笔在一些特殊手绘表现中也会用到。在这里虽然不对这些特殊表现方式进行技法知识的讲授，但学习者完全可以根据个人兴趣和爱好选购这类特殊的画具，并进行尝试性的表现。而所谓的理论只是实践的总结，不应该成为束缚思维的绳索，更不能是成为一种教条和死框框，合理灵活运用手头工具才是学好速写表现的根本，为者长成，行者长至。只有经常练习，达到"拳不离手，曲不离口"的培养才可能潇洒出手，画出帅气、奔放流畅的线条乃至整幅赏心悦目有个人风格特色的景观·建筑速写，长此以往也就能转化到对景观·建筑设计表现熟稔于胸，运用自如了。

第 3 章　景观·建筑速写的观察方法与构图

> 艺术家所具有的是一双与常人不同的眼睛，他能在常人司空见惯的事物中发现美。
>
> ——法国雕塑家罗丹

在景观·建筑速写的训练过程中，对于初学者来说，常常遇到的问题是所描绘的对象不准确，或是很盲从的对表象描摹。在面向自然时，我们学习用眼睛和画笔去传达自己对自然的所感、所思、所悟。那怎样才能提高速写的准确性和抓住描绘的本质呢？我们将从宏观上阐述如何把握景观·建筑速写的表现——观察与构图，这也是再现性描绘时表达的最基本方法、形式和途径。

3.1　观察与感受

景观·建筑速写的整个过程是一个观察—感受—理解—表现的过程。到室外的建筑环境中去写生，所面临的第一个问题，就是去寻找发现所要画的建筑与环境素材和题材，发现建筑环境中对作画者有吸引力

图 3-1

作品描绘的是湖北恩施的大水井庄园。通过观察与感受，很好地把握了景物之间的主次、空间层次、虚实关系。表现了物象形体相互间的内在联系和空间感。

的、能感动画者的速写内容。通过对客观存在的千姿百态、五彩缤纷的物质世界的观察去发掘美。不管是高楼大厦，还是民居草舍，都有其感动人之处。寻找、发现速写素材和题材的过程，实际上是对建筑审美能力的一种锻炼、培养和提高的过程。在速写的过程中练就一双敏锐眼睛，通过观察、分析并在理解的基础上去表现景观和建筑。观察并不是平时随意的看，初学者首先要打破以往认识上的习惯方法和视觉经验，应该形成整体意识，整体地观察对象的习惯，而养成这一正确的观察方法，是画好景观·建筑速写的第一步。

法国普桑曾说要获得技巧，就必须进行观察，老是依样画葫芦是难以获得技巧的。观察有两种方法：要么机械地注视它，要么专注地观察它。在对景观·建筑速写过程中学会对对象的观察，还要对景物进行分析比较，做到对其意境、情调有所感受、领悟，分析建筑的内涵、形态、结构、特征、比例、透视等关系。另外要认真观察景物之间的主次，空间层次、虚实关系以及形体相互间的内在联系，把握整体关系。而培养良好感受是一个长期积累的过程，跟作画者的学识修养水平有很大关系。作为基础练习，应以研究自然为起点，以客观事物为依据，先感受景观·建筑的氛围、特征、空间、比例，形成整体印象，充分地、概括地来观察、感受和领会对象。然后，再细致地观察景观建筑的各个部分，做到"胸有成竹"，经过艰苦训练就会形成良好的艺术感受和正确的观察方法。感受的过程是物质与心理过程的结合，客观存在的景致是通过感性直观获得的，这是一种对物象特点敏锐的捕捉能力。学会培养迅速捕捉形象塑造的能力，提高视觉修养，借助速写这一形式物化设计者的情感（见图3-1）。

3.2　整体观察的方法

整体观察、整体分析物象的能力对于速写来说至关重要，景观·建筑速写就是训练这种能力。整体观察的方法是造型艺术必须遵循的基本规律，艺术家与设计师观察事物应该是由整体到局部，再由局部到整体的过程。所谓"整体观察"就是从整体入手，把握物象的整体关系，把各个部分有机联系起来观察形成一个整体，把握住物象的各个局部的形体及相互间的关系和比例。当画某一物象时，首先要把该物象的结构、形体、比例以及透视关系画出来，然后再深入描绘各局部的形象。在刻画各局部形象时又必须从整体效果去考虑，心有全局，分清主次与虚实，该强调的重点部分应认真刻画，次要部分就要概括地去处理，始终把握住整体感。有了整体观察，头脑里就有了鲜明生动的整体形象，下笔就能意在笔先、心中有数，而不是靠看一眼画一笔，东拼西凑，否则画面就很凌乱。

3.3　特征观察的方法

任何客体都具有众多特性，人们根据一群客体所共有的特性形成某一概念。这些共同特性在心理上的反映，称为该概念的特征，反映客体根本特性的特征，称为本质特征，而区别特征反应的是此事物区别于其他事物的特征。

画景观·建筑速写必须抓住事物的特征。要在较短的时间内抓住对象的本质特征并非易事，这就要掌握好"特征观察"的方法。有比较才会有鉴别，比较是认识事物特殊性的重要方法，不论是认识对象或是通过造型手段来表现对象，都离不开比较，通过观察比较，在头脑中形成一个鲜明而概括的形象特征，落笔时在画面各部位之间也进行比较，从而抓准对象内外特征的各种关系，突出主要形象特征。例如在观察树木、花草、建筑、车辆、人物等任何物体时，都要抛开它们的一般特征，把它们看做是形状、线条、明暗、色彩、质感的结合体，这样才能从中找出常人不为关注的美感特征来（见图3-2）。

图 3 - 2

　　"山不高而秀雅，水不深而澄清，地不广而平坦，林不大而茂盛"之地——古隆中，这里山峦叠翠，流水潺潺，被世人称为智者摇篮，三分天下的策源地。黄家湾，这里流传着孔明和黄月英的爱情和智慧的故事：木犬惊神猴、木牛流马、羽扇定情。三分天下"诸葛巾"，揭红盖头等。作者用激情的线条勾画了诸葛躬耕纪念地的和谐景致。

3.4　建筑空间的尺度与比例

　　画建筑速写时要把握建筑的尺度与比例。尺度所研究的是建筑物整体或局部构件与人或人熟悉的物体之间的比例关系，及其这种关系给人的感受。在建筑设计中，常以人或与人体活动有关的一些不变元素如门、台阶、栏杆等作为比较标准，通过与它们的对比而获得一定的尺度感。先是建筑在环境中的位置和体量，是否与环境融洽，并且建筑形体本身也是有逻辑性的。比例关系的掌握在景观·建筑速写中是非常重要的，比例是指物体间或物体各部分的大小、长短、高低、多少、窄宽、厚薄、面积诸方面的比较，不同的比例关系形成不同的美感。建筑是由最基本的三维尺度来度量的，长、宽、高的三维尺度是决定一幢建筑形态最基本的要素，画景观·建筑速写时，对建筑及建筑环境的尺度要有一定的了解和把握。值得提出的是，在画建筑物之前并非要去用工具测量房屋的尺寸，而是要通过认真观察，建立起对建筑的尺度感。在速写的实践中逐步建立起良好的尺度感，不仅对于画建筑速写是必需的前提，也有益于在建筑设计中基本素养的确立。因此，景观·建筑速写的过程应该是训练感觉和表达建筑尺度的过程。要认真观察建筑物本身、建筑物之间、建筑物与环境之间、建筑物与人之间等方面的比例关系，并加以正确地表现。

3.5 培养美的感受

面对大自然不同的季节、不同的景物，如何从中获取优美动人的艺术形象，是景观·建筑速写首先要解决的问题。艺术的本质特性是审美的，审美能力的高低制约艺术水平的高低，人们凭借特定的物质材料和工具，凭借一定的审美方法和技巧，在精神与物质材料、心灵与审美对象相互作用下，进行充满情感意识的创造性劳动。

景观·建筑速写的表现内容很多，一山一水，一草一木，一景一物，一人一车皆可入画。艺术家可将自己独特的感受和体验，通过带有感情的点、线、面与简单敷色表现出来，创造出、情景交融、物我合一的速写作品。外出速写，要学会选取哪一部分景物作为自己的绘画对象，主动地去发现平常事物中蕴藏的美丽，一处老舍，一棵枯树，都有可能成为设计师眼中的风景。一幅好的速写没有必要面面俱到，应有所侧重：有的速写侧重于画大的场景特征；有的速写侧重于画布局气势；有的速写侧重于画建筑细部；有的速写侧重于抓景观情趣……不管是画什么，在画之前首先在思想上要明确对象的什么东西感动了你，对景物进行组织，使观察信息与思维信息同构，任何事物内部都有其特定的表现形式，这幅速写要表现什么主题，然后去观察和迅速捕捉对象。罗丹说："生活中从不缺少美，而是缺少发现美的眼睛。"速写就正确地阐明了这个道理。

要善于在生活中发掘美，培养以独特的眼光寻找独特的视角去表达景观、建筑，锻炼自己对美的感受能力（见图 3 - 3）。

图 3 - 3

在任何时代，爱情都是最打动人心的主题，《山楂树之恋》讲述了老三和静秋纯洁的爱情故事，这棵硕大的山楂树和辽阔草原的百里荒让人从中寻找到心中那份难得的悸动。作者用写实的手法细致地描绘了心中的山楂树。

19

3.6　速写的意境

　　意境是指作品或自然景象中所表现出来的情调和境界，是作品中呈现的那种情景交融、虚实相生、活跃着生命律动的、韵味无穷的诗意空间，意境表达是景观·建筑速写的最高境界。我们面对自然有了很好的感受以后就要体会与表现景观·建筑速写的意境，景观·建筑速写的表现形式亦是传达意境的一种方式，它的运用使设计内涵与外在形式和谐统一。景观·建筑速写的意境是否深邃，气氛是否和谐，皆以景观·建筑速写的画面气氛为依托，即所谓的"意在笔先"。而景观·建筑速写的"意"，是所选场面的"意"的深化，绝不能本末倒置，为追求画面的堆砌与笔触，置构思意境、环境气氛而不顾，导致不能准确地反映描绘对象的内在蕴含。可以说景观·建筑速写是表达特定的环境气氛和内容，令表现技巧服务于这个中心，让作者的"思"，与画面的"形"相辅相成，浑然一体。

　　设计师依据不同的表现意图，选择不同的表现形式从而形成特有的风格。景观·建筑速写常分为装饰性速写、写意性速写、具象性速写。

　　装饰性速写重在追求意境与气氛。装饰性速写倾向于图案化或运用夸张与变形的手法，增强建筑的趣味性与美感。夸张重点部分使其得到强化的表现，具有较强的主观性。它所反映的形式不仅在于整体性的空间，还在于细部处理的展示，从另一个角度诠释建筑设计的意图。装饰性表现画面美感很强，描绘手法灵活多样（见图 3-4～图 3-7）。

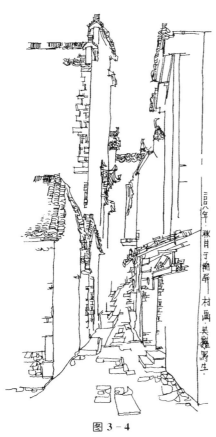

图 3-4

　　安徽南屏是民居速写的好去处。高高的马头墙，窄窄的小巷都可入画。这幅速写重在追求徽派建筑的意境与气氛。装饰性表现，美感很强。

图 3-5

　　作品描绘的是宏村的雷岗山庄，是与学生做示范的，时间很短。寥寥几笔，极具概括力。主要是在于细部处理的展示。

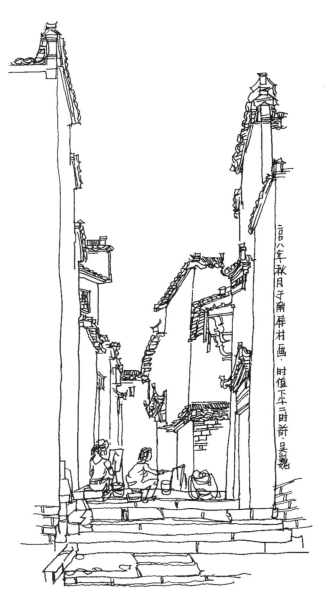

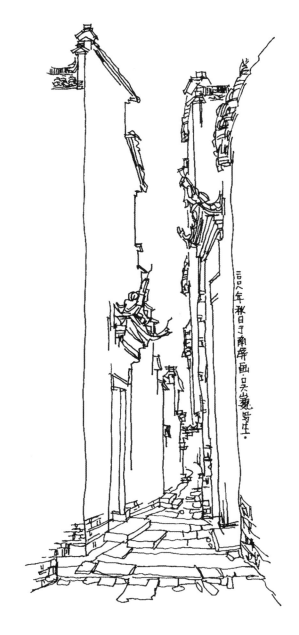

图 3 - 6

　　为增强徽派建筑的趣味性与美感，用夸张与带变形的手法表现马头墙，削弱了透视感，极具装饰性。

图 3 - 7

　　身处窄窄的小巷，往往要仰头观看，因距离短更能体现建筑的伟岸感。这幅作品从另一个角度诠释徽派建筑设计的意图，装饰意味强。

　　写意性速写的绘画性较强，但它绝不是脱离实际而单纯追求画面效果的表现方式，而是选择了与激发作者构思源泉相似的语言和符号，感知设计师的建筑理念，写意性速写不一定严格遵循透视法则，带有主观意念，根据不同的环境气氛与表现意图而选择不同的表现手法，画面或活跃轻快，或凝重、清幽。线条亦是或曲、或直、或粗、或细（见图 3-8～图 3-10）。

　　具象性速写是最常用的一种表现形式。它以严格的空间结构、真实的材质感为依托，生动地描绘对象，是一种较易掌握的表现方式。它的优点在于真实地反映了景观·建筑的特点，具象性表现的手法多种多样，本书图例基本都是具象性表现形式的景观建筑速写（见图 3-11）。

图 3 - 8

　　这幅古民居使用写意性表现手法，用笔随意大气，速写画面绘画性较强，呈现设计者的内心惊喜与奔放的情感体验。

图 3 - 9

　　这是湖南芙蓉镇的街景，使用写意性表现手法，线条或粗、或细，用笔灵活，表现了作者的激情与怀想。

图 3 − 10

这幅速写绘画性强，透视特别，用笔洗练，画面活跃轻快。

图 3 − 11

这幅速写描绘的是周庄的一角，忠实于空间结构，用笔严谨细致，刻画真实生动。

3.7 速写的构图

世间万物之所以为人的视觉所感知，无不表现为形状、线条、明暗、色彩、质感五种形态。这五种形态可称之为五大视觉要素，在观察任何物体时，首先感受到的是它的形状，其次由形状的轮廓感受到了它的线条，由光影感受到它的明暗与色彩，最后才会洞察到它的质感。构图（Composition）为造型艺术术语，就是对物体的五大视觉要素加以综合组织的过程。构图最早来源于西方的美术的"构图学"课程，是指画家在有限的空间或平面里，对自己所要表现的形象进行组织，或对形象在画面中占有的位置和空间所形成的画面分割，从而形成整个空间或平面，构成一个协调的完整的画面。构图是作品中艺术形象的结构配置方法，是造型艺术表达作品思想内容并获得艺术感染力的重要手段。

3.7.1 研究构图的目的

就速写而言，构图就是研究在一个平面的白纸上处理好三维空间的二维表达，即高、宽、深之间的关系，同时，研究构图处理是否得当？是否新颖？是不是突出了主题？是不是具有艺术的感染力等？构图对于作品的成败尤为关键，可以这么讲，构图处理好了画面就成功了一半。对于速写来说，构图是一种视觉语言的提炼和组织过程，旨在构建一种愉悦感官进而启迪身心的视觉审美形式，构图是速写最重要的一个步骤，也是画面成功的至高追求。

构图是对画面物象的组合、配置和整顿。构图的首要任务就是安排所要表现的各种对象的位置，不同的布局产生不同的感觉，利用点、线、面和空间在安排上的变化，通过各种动态起伏线的高低、疏密、松动、急缓等有节奏的变化，具体、生动地表现了场面气氛。速写构图根据题材和主题思想的要求，按照一定的法则将所要表现的形象的各个部分加以组织和恰当的配置。

3.7.2 速写构图的原理

3.7.2.1 多样而统一

构图要使所有的因素完全协调，达到"多样的统一"，对素材要剪裁，对不必要的东西应该省略，对纷繁复杂的客观物象进行艺术概括，抓住重点、区别主次，达到作品的主题突出和富有感染力。如果只有变化而无统一，变化就会杂乱，只有统一而无变化，又会单调乏味，使人感到呆板。

3.7.2.2 对比

可以说，没有对比就没有主体的突出，也不会有主题的鲜明。对比中求统一是作品中的常用表现手法，如形体的对比变化，色彩的对比变化，黑白灰色调、线条的疏密、色块的大小、色彩关系的冷暖、补色的运用、绘图笔的大小、干湿、线条的严谨与放松、精确与概括等，都是构图中运用的对比原则。一幅作品中，可以运用一种对比手法，也可同时运用多种对比，但要注意不能生搬硬套，牵强附会，以免画面喧宾夺主不知所云（见图 3-12）。

3.7.2.3 节奏

所谓节奏是指条理与秩序。由于人有理性，一般建筑物大多有一定条理和秩序，没有条理和秩序就会令人心烦意乱、厌恶讨厌，甚至产生不稳定的危机感、不安全感，而有条理、有秩序则会给人带来和谐愉悦的感受。自然物由于没有理性往往杂乱无章，然而在速写画面中，用相似的图形可以构造和谐；按秩序重复可以产生节奏，否则不同图形的堆积会导致视觉的混乱。

3.7.2.4 对称与均衡

对称指上下或左右形状相同、分量相同，有平静、稳重、安定之感，是一轴线的两边或周围的形象对应

图 3 - 12

　　画面的主次关系协调，变化中求统一。古画论中"欲作结密、先以疏落点缀，欲作平远、先以峭拔陡绝，欲作虚灭、先以显实爽直。"深刻地道出了构图的艺术效果与章法布局的关系。自然环境空间的远、中、近景层次的先后处理、体面与体量关系的掌握，环境气氛与艺术效果都应作缜密安排，理性思考与感性表现应相辅相成。

造成的一种美感样式，主要作用是使画面具有稳定性，对称式构图一般表达静态内容。对称构图的稳定感特别强，能使画面有庄严、肃穆、和谐的感觉，但构图过分稳定就会给人以刻板、没有生机之感。对称构图的变化样式有：金字塔式构图、平衡式构图、放射式构图等。

　　均衡是指两种形状上下不一样，但在分量上是一样或接近的物体，均衡可以使很乱的东西统一起来。均衡式构图：主形置于一边，非主形置于另一边，起平衡作用，底形分割不均匀。均衡式构图一般表达动态内容，其构图的样式有：对角线构图、弧线构图、渐变式构图、S形构图、L形构图等。速写构图的应用相对简单，将对象的主要部分置于画面中心，将对象整体与边框距离处理得当，背景底形不重复，就是成功的构图。"画面中心"并不是画面的等分中心，它是以人的视觉习惯确定的。这一中心，是以黄金分割定律原理确定的位置，即以 1∶0.618 的比例分割画面，得出画面中的四个相交位置，这四个位置即是接近画面中心的"构图中心点"。

3.7.2.5　疏与密

　　一个画面中只有疏没有密，或者只有密而没有疏，都是不合适的构图。画面只有疏密结合得当，有开有合，既有变化又有统一，才是较完美的构图。建筑距离的疏密，人与背景的疏密，人物与车辆的疏密，环境背景的疏密等，利用这些疏密互衬，使主体突出，主次合理。当遇到比较复杂的场面处理，就要求疏密变化要有层次、有节奏，不能是等距离的疏或是等距离的密，因为距离的相等就失去了变化，不会产生节奏感。

　　五大构图原理多样而统一、对比、节奏、对称与均衡、疏与密，配合使用视觉的五大要素，形状、线条、明暗、色彩、质感，能够起到彼此加强效果的作用。但是，如果它们不是按照统一的前提加以组织结构，作者的思想就难以体现，速写意图也就无从表达。因此，构图原理仅是组织画面的方法而思想才是最根本的。

3.7.3　速写构图的形式

　　构图以表现主题思想为核心，是作者思想感情和艺术表现形式的统一，是艺术水准的直接体现，由于艺术家的风格与表现主题思想的多样性，所以每幅速写的构图形式又各有特点，但同时也有一定的规律可循。常见的有平行水平、平行垂直、平行斜线、对角线、辐射线、十字架、S形、V形、三角形、螺旋线、圆形、"井"字形等。事实上，在景观·建筑速写过程中，单纯运用某一种构图形式是很少的，常需要在同一画面中运用几种视觉功能，在综合运用的同时，应以某一种构图形式为主，这就形成一件速写作品构图的基本形式感。根据画面的主题思想和要求，需要采取各种不同的布局方式，这一选择应取决于作品内容所反映出来的主要倾向（见图 3-13 和图 3-14）。

图 3-13

　　这幅作品描绘的是湖北钟祥的明皇陵。主题图形的定位是构图的决定因素，它在画面中的位置决定了画面的样式。一张成功的画面取景不能过于杂乱，要有一个明确的中心内容，而且要对主题的位置、方向等在画面上作合理安排。

图 3-14

　　这幅作品描绘的是武汉江城的景色。确定好物体的比例关系及体量使构图均衡。该作品构图平衡而不刻板，布局新奇而有章法，使环境的整体形象按艺术构思的意愿发展和建立，表现效果才能达到美的和谐。

第4章　景观·建筑速写透视原理

4.1　透视及其特征

4.1.1　透视概述

透视是日常生活中常见的现象，也是建筑设计师们常用的法宝，是许多设计领域常用的设计表现方法之一。

"透视"一词源于拉丁文"perspclre"（看透）。最初研究透视是采取通过一块透明的平面去看景物的方法，将所见景物准确描画在这块平面上，即成该景物的透视图。后遂将在平面画幅上根据一定原理，用线条来显示物体的空间位置、轮廓和投影的科学称为透视学。

中国古代的画家很早就发现了透视图法的视觉规律。在中国古代的画论中，曾论述过画风景的要点是"远山无石、远树无枝、远水无波、远人无目"，其大意是画远处景物或人物不要刻画细节而只取大貌，而实际上就是近大远小、近高远低、近实远虚的透视现象。只可惜中国的画家们只是停留在这种感觉上，而没有像西方学者那样用科学方法加以系统论证。直到15世纪意大利文艺复兴运动中，透视图法才诞生。透视学从数学的观点来看，是立体几何学的一个分支，具有严谨的科学性，通常称为"透视几何"。从投影学角度看，透视图是中心投影图，即由人眼（投影中心）向物体引视线（投影线）与画面相交所形成的视图，这与物体在人眼视网膜上形成景象的原理是一致的。因此，透视图形直观、明了，最容易被大众所接受。

透视是客观存在的一种视觉现象，据其规律方便我们进行建筑、景观的速写表现。我们还可以将所设计的建筑、景观方案，运用透视几何以符合人的视觉感受的方式，进行科学而严谨的表现，即将三度空间的形体转变为具有空间感的二维平面画的绘画手法。

透视画法也是画好景观建筑速写最重要的基础，只有掌握正确的透视原理和绘制方法，才能较真实地反映设计的空间效果。在今天的空间设计领域里，受到了计算机三维设计的恩惠，所有的复杂的图法技巧都由软件支持，只需移动鼠标，选择认为合适的角度即可。计算机的普及应用，使透视图法不再神秘，让电脑去做设计师们不想做的事情，比如计算，比如求作透视图形，比如渲染，将设计师解放出来去做更具创造性的工作。但是作为建筑、景观、室内设计师还必须掌握透视的基本知识。

透视对表现画面的布局、空间感、立体感都起到很关键的作用。透视对景观与建筑速写至关重要，没有正确的透视作支撑，高水平的绘画技巧就无从谈起，假如透视把握不好，无论表现能力有多高超，所有的描绘都没有太大意义。打个比喻来讲，如果说线条练习是皮肤，那么透视则是骨架，透视的准确与好坏直接决定一幅作品的可看性与表达性。景观建筑速写不是制图，透视规律的掌握可以指导写生，但更要注意透视规律与方法，要与景观建筑速写的艺术性、生动性相结合。因此，在探讨景观与建筑速写之前，要对透视进行充分的了解，做到熟练运用，用科学的透视规律真实地反映特定的环境空间。

速写时必须掌握透视学的基本原理以及透视判断能力，一张好的速写肯定符合几何投影规律，且能够较真实地反映特定的环境空间效果。当然，在实际进行景观、建筑速写的时候通常并不要求，而且也不可能做到每一根线都符合透视的规律，但是必须要在大的透视关系上避免失误，必须能够根据实际场景把握视点的选择以及透视感的强弱，也就是为了在大的透视关系上能够确保尽量准确。初学者首先必须使所画的轮廓线符合透视原理，只有保证景观及建筑物在大的轮廓和比例的关系上基本符合透视作图的原理才行，至于许多细节，多半是用判断的方法来确定的。

透视角度选择是否得当对画面构图具有决定性的意义。为了表现不同的景观及建筑环境特点，往往选择对其更为合适的透视方法，例如：有的适合采用一点透视或是两点透视，有的视点位置应放得更低，有的又适于采用鸟瞰等。甚至在角度决定之后，有时还要将透视灭点再行校正。

4.1.2　透视特征

透视具有消失感、距离感，相同大小的物体呈现出有规律的变化，通过分析可以发现产生这些现象的一些透视规律。

（1）随着距画面远近的变化，相同的体积、面积、高度和间距呈现出近大远小、近高远低、近宽远窄和近疏远密的特点。

（2）与画面平行的直线在透视中仍与画面平行，这类平行线在透视图中仍保持平行关系。

（3）与画面相交的直线有消失感，这类平行线在透视图中趋向于一点。

（4）色彩透视，即近暖远冷、近纯远灰、近处对比强烈而远处对比模糊概括。

4.2　速写常用透视

图4-1表示透视图的形成。假想观察者站在一个固定的位置上用一只眼睛看物体，眼睛所在的位置称为视点，在观察者和物体之间有一个画面（一般与地平面垂直，也可与地平面有一定角度），由视点引向物体各部分的每一条视线都与画面有一个交点，这些交点的集合，就构成了透视图。画透视图时，就是按照一定的规律求出一些画面上的关键点，再将它们连成图形，此时画纸就相当于画面。

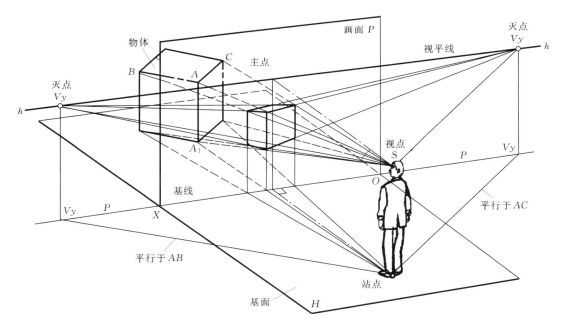

图4-1　透视图的形成

4.2.1　透视的基本术语

（1）视平线：就是与画者眼平线。眼睛平行的水视平线决定被画物的透视斜度，被画物高于视平线时，透视线向下斜，被画物低于视平线时，透视线向上斜。

（2）心点：就是画者眼睛正对着视平线上的一点，它位于画者的核心部位。

（3）视点：就是画者眼睛的位置。

（4）视中线：就是视点与心点相连，与视平线成直角的线。

（5）消失点：就是与画面不平行的成角物体，在透视中延伸到视平线心点两旁的消失点。

（6）天点：就是近高远低的倾斜物体，消失在视平线以上的点。

（7）地点：就是近高远低的倾斜物体，消失在视平线以下的点。

4.2.2　常用透视及其基本规律

透视是物质世界反馈在人眼中成像的基本规律，透视有三种基本原理和方法：一点透视（平行透视）、两点透视（成交透视）、三点透视（倾斜透视）。透视训练通常是以画法几何原理为基础展开的，借助尺子等绘图工具，过程严谨精细且繁琐，但景观·建筑速写要求快速方便地表现景物特征，且具有很强的艺术性。因此在写生过程中如何准确简便地把握透视，就要求在遵循透视规律的前提下，利用经验和感觉来把握画面。速写时运用透视处理好画面的空间层次、景观特征、结构细节等，根据景物特征灵活处理透视关系，使画面效果灵活丰富。

以下分别就一点透视、两点透视、三点透视等各种透视的画法及其特点进行简要分析。

4.2.2.1　一点透视

一点透视也称平行透视。以立方体为例，从某一正面上看它，此时的透视具有以下特点：构成立方体的三组平行线，原来垂直的仍然保持垂直，原来水平的仍然保持水平；只有与画面垂直的那一组平行线的透视交与远处一点，而这一点应当在视平线上，这种透视关系就称一点透视（见图 4 - 2）。

一点透视作图简便，突出表现了物体的正面，因此一点透视常用来表现正面形状较复杂而其他两个方向较简单的物体，也常用来表现建筑室内的布局。

画一点透视时，应根据表达需要，先确定视平线及视平线上灭点的位置，为了使画面更加符合人们的视觉习惯，正常视锥的顶角约为 60°，即所观察的物体，应在此视锥范围内（见图 4 - 3）。

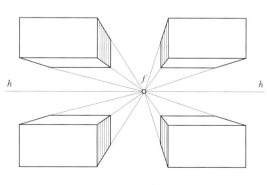

图 4 - 2　一点透视

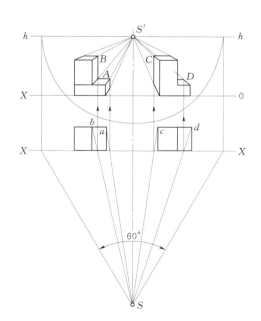

图 4 - 3　60°视角

29

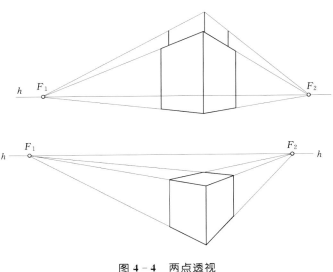

图 4 - 4 两点透视

4.2.2.2 两点透视

两点透视也称成角透视。就是把立方体画到画面上，立方体的四个面相对于画面倾斜成一定角度时，往纵深平行的直线产生了两个消失点。在这种情况下，与上下两个水平面相垂直的平行线也产生了长度的缩小，但是不带有消失点。两点透视能够较全面地表达形体，而且画出的画面比较符合人们的视觉习惯，画起来也比较简便，所以两点透视在建筑画和各种绘画中得到了最为广泛的应用（见图 4 - 4）。

4.2.2.3 三点透视

三点透视也称倾斜透视，就是立方体相对于画面，其面及棱线都不平行时，面的边线可以延伸为 3 个消失点，用俯视或仰视等去看立方体就会形成三点透视（见图 4 - 5）。三点透视也称斜透视。当画高大建筑物的透视图时，仰望或俯瞰建筑物，此时画面与基面倾斜，物体上的三个主要方向的轮廓线均与画面相交，因此在画面上形成三个灭点。为了适应人们的视觉习惯，画面与物体高度方向的棱线倾斜角度以 $15°$ ～ $30°$ 为宜。三点透视的特点是空间变形夸张、给人以力度、视觉冲击力强。

4.2.2.4 目测透视

目测透视也可称之为估计透视法。描绘建筑物时不要求像作几何投影那样，对每一根线不论是大轮廓或是细节，都用投影的方法去求，因为这样做太麻烦琐碎了。只要在画面的两端假设两个消失点，如果采用三点透视，再加一个消失点。对于速成图，消失点大致准确即可，但作画者心中应有透视的概念，而这种自由形式会加快描绘的速度。在景观建筑速写时，第一步就是要准确确定景观建筑物的透视轮廓，必须使所画的轮廓线符合透视原理，只要保证建筑物在大的轮廓和比例关系上基本符合透视作图的原理就够了，

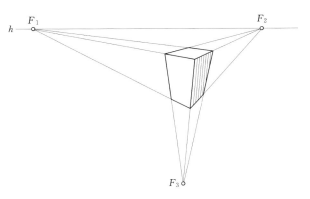

图 4 - 5 三点透视

至于细节，多半是用判断的方法来确定。实际写生中，大多是凭经验和感觉来画透视轮廓的。只要多练就有经验了。

第 5 章　景观·建筑速写线条训练

线条技法的目的在于很好地表现对象，当它失去了它要描述和表现的内容时，也便失去了它生存的价值。

在景观·建筑速写中，线的能量最大。线是最自由、灵活的造型语言。线能排除明暗来描绘对象，速写以线条形式为主要载体，线就是速写的形式语言，也是造型艺术的重要元素。线是具有个性的，线是具有生命力的，有着无限的表现力。它或粗或细、或曲或直、或长或短，刚柔并济，虚实相生，千变万化。线条的组合变化可形成丰富的画面。钢笔线条速写具有很强的表现力和韵味，它的粗细、快慢、软硬、虚实、刚柔和疏密等变化可以传递出丰富的质感和情感。线条分为直线、曲线、不规则线，直线有水平、垂直、斜向三种。曲线随意性大，不规则线更具个性。

用钢笔线条描绘景观、建筑形态造型，较其他工具更能体现线条的质感，也更能锻炼造型和准确与果断，因此在景物速写中使用钢笔线条表现是最为主要的表现形式。实际上，只有用线条才能最迅速、最简洁、最明确地表达景观与建筑的基本形态、构造、体积与空间等特征。线条作为速写的基本单位，肯定、干净、流畅是线条的基本要求和特点，线条能够表达出凝重、理性、轻快、跳跃等多种丰富的表情特征，这里阐述的主要是以钢笔线条的练习为主，钢笔线条的训练成为手绘训练的重点，要画出优美漂亮的速写线条必须付出艰苦地努力。

5.1　线条的表现形式

灵活多变的线条是极具魅力的造型元素，线条的曲直变化、疏密组合、粗细搭配，使画面产生主次、虚实、疏密、对比等艺术效果。在景观与建筑速写过程中，掌握运笔力度快速拉线，注意力集中，大胆用笔，注意用笔的快慢、力量和方向，注重画面线条组织的对比关系、疏密关系以及节奏关系。将线条运用到画面中用来表现对象的时候，绘画者要心中有数、有的放矢，根据描绘场景的不同，速写的线条在表现中有的线刚健、有的线柔弱、有的线笨拙、有的线流畅，这些线以其轻重、强弱、疏密、曲直、缓急及长短等性格特征，综合表现出景观与建筑的形象特征。

线条的表现形式丰富多样，用同一支笔能够画出不同特点的线条，在钢笔速写中常用的线条有快速平滑线、自由线、乱线等。

5.1.1　快速平滑线

线条特点是直且具有速度感，肯定而流畅，多用于表现建筑的轮廓及形体关系。这类线条能传达出清晰明了的视觉效果，画面爽快大方（见图 5-1）。

5.1.2　自由线

线条的特点是自由、随意，是钢笔画线条运用到一定熟练程度的自然结果。不受固定规律限制，是钢笔

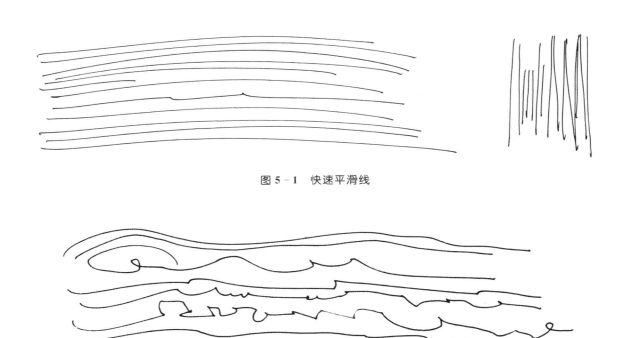

图 5－1　快速平滑线

图 5－2　自由线

速写中运用最多的一种线条，用线自由、随性奔放，所表现的画面效果更显灵动（见图 5－2）。

5.1.3　乱线

线条特点是圈式或螺旋式的随意线条，从表面看是漫无目的随意涂画的线条，但实质是线条本身具有一定的内在规律，乱中有序。用线时可以反复叠加和重复，挥洒自如，多用于表现物体明暗关系。以乱线组织而成的画面具有特殊的视觉效果。但在运用乱线时，要时刻以整体的眼光掌控画面的全局，控制好乱线组织之对象形体的明确性以及画面的黑白关系，否则容易陷入散乱的困境（见图 5－3）。

图 5－3　乱线

钢笔线条主要分为慢写线条和速写线条两类。慢写线条注重表现线条自身的韵味和节奏，绘制时要求用力均匀，线条流畅自然。通过训练慢写线条，不仅可以提高手对钢笔线条的控制力，使脑与手配合更加完美，而且可以锻炼绘画者的耐心和毅力，为设计创作打下良好的心理基础。速写线条注重表现线条的力度和速度，绘制时用笔较快，线条挺拔帅气，刚劲有力。通过速写线条训练，可以提高绘画者的概括能力和快速表现能力。

5.2 点线面与黑白灰

点线面是构成艺术中最基本的元素，是常用技法之一。在光源的照射下物象起伏变化，产生了色调的深浅差异。素描术语中，通常有黑、白、灰三个调子，加上反光和投影两个层次合称"五调子"，即受光面、灰面、明暗交接线、反光和投影。我们可以从以下几个因素来观察与分析明暗现象：①光源的强弱及照射到物体的角度；②物体距写生者的距离；③物体本身的固有色明度。这三点是判断和确定物体的明暗层次的主要依据，这些明暗变化在景观·建筑速写中主要靠点、线条来表现。通过线条轻重、粗细、刚柔，形成明暗层次和渐变韵味，反映不同形象的质感、美感。点、线、面的对比与联系是丰富画面的重要手段，疏密线条在画面上形成黑白灰关系使画面更生动。

景观·建筑速写一般分为勾线速写、线面速写、明暗速写三种。勾线速写就是用线十分肯定，优点是流畅生动，一气呵成，缺点是难度较大，画不好就没有表现力。线面速写，是用线面结合的方法来表现对象，这种画法表现手法对比强烈。明暗速写，可以深入地表现体积结构使形体更严谨扎实，其特点是生动活泼，体现整体气氛，适于表现很多细致刻画的动人情景。景观·建筑速写中的"体面"是指界面，是围合和空间，通过它表现景致的各种不同形态，如建筑的体面结构、道路的空间透视感、树木的生长方向等界面状态。同样的形体由不同的表面和细部特征而有区别，掌握好体面的刻画，运用不同的线条的起承转合及疏密变化的塑造，能形成千变万化的形态。

空间中的三维物体，其明暗交接线与反光在暗面部，受光面并有高光。对于速写而言，有了明暗变化，较容易把握整体关系，并使物体达到较强的体积和空间感。中间灰面是过渡，是物体层次最丰富的部分，也是表现对象质感和色调的主要部分，在写生中应特别注意中间色调的形体塑造。明暗速写具有秩序美，让画面在黑与白的流窜间形成韵律和节奏，通过线的疏密变化、黑白灰的多层次效果，达到表现对象的目的。但是，切记要避免"花"和"乱"的画面，否则就达不到应有的层次感了。

5.3 典型线型训练

线条的熟练运用是画好景观·建筑速写的关键。运好线可以把握形体，可以组织空间，可以表现物体的质感。

典型线型是景观与建筑速写基础练习中非常重要的一项内容，典型线型主要是针对今后在景观建筑、配景速写表现中所涉及的一些典型线型进行的笔法训练，需要在初学阶段认真掌握。

5.3.1 树冠齿轮线型

齿轮线主要用于标准树冠外轮廓的表现，描绘时要表现出"不规则"的自然效果。用笔速度时快时慢，富有节奏感（见图5-4和图5-5）。

5.3.2 树冠锯齿线型

锯齿线形似锯齿，用于表现植物外轮廓的一种常用线型，运笔速度要适中，需要注意运笔方向（见图5-6）。

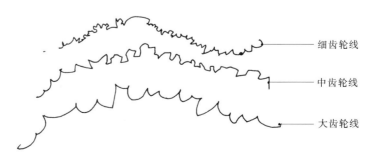

图 5-4 树冠齿轮线型

细齿轮线

中齿轮线

大齿轮线

图 5 - 5　运用树齿轮线型画树

树冠锯齿线型

图 5 - 6　树冠线型

运用树齿轮线型画树

5.3.3　草地线型

　　草地线型分倾倒与竖立的，多用于表现草地，在传统手绘表现中往往是比较均匀的，在快速表现中则需要参差不齐的动态效果，运笔速度要快（见图 5 - 7）。

图 5 - 7　草地线型

5.3.4 卵石线型

卵石线用来表现卵石这种画面中常用的配景内容，训练该线型可以迅速提高运笔速度、力度，确保线型的韧性，笔法关键是要连贯，注意大小均衡，并避免出现连贯的套圈（见图 5-8）。

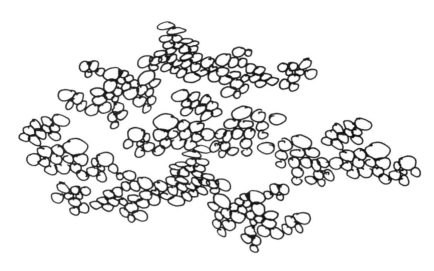

图 5-8　卵石线型

作为景观·建筑速写的基本表现手法，当然还有排线及其他线条的技法，以解决物象的色调和质感等问题。运用各种交叉排线组成线面，或反复叠加交叉的线网。以此来表达对象丰富的明暗关系与层次。

线条排列有平行排列、放射排列和交叉排列。交叉排列又可分为垂直交叉、菱形交叉、不规则交叉等表现形式，可根据不同的表现对象选择线条的排列方式。线条排列有直线、曲线与乱线的排线方式（见图 5-9）。

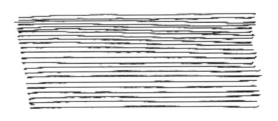

横直线排列

竖直线排列

图 5-9（一）　线条排列

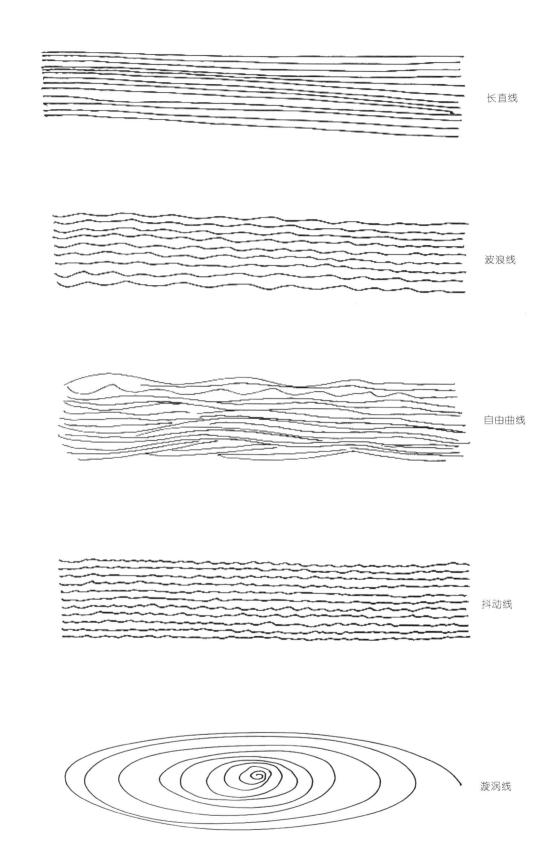

景观·建筑速写与表现

长直线

波浪线

自由曲线

抖动线

漩涡线

图 5－9（二）　线条排列

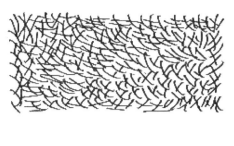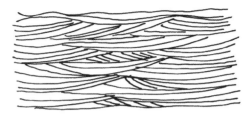

波纹线

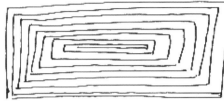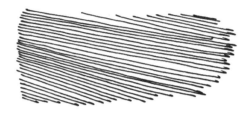

树枝线   指纹线

波纹线添加

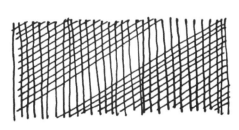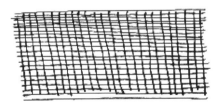

斜摆线   竖摆线

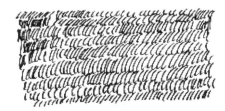

倾斜摆线

图 5-9（三） 线条排列

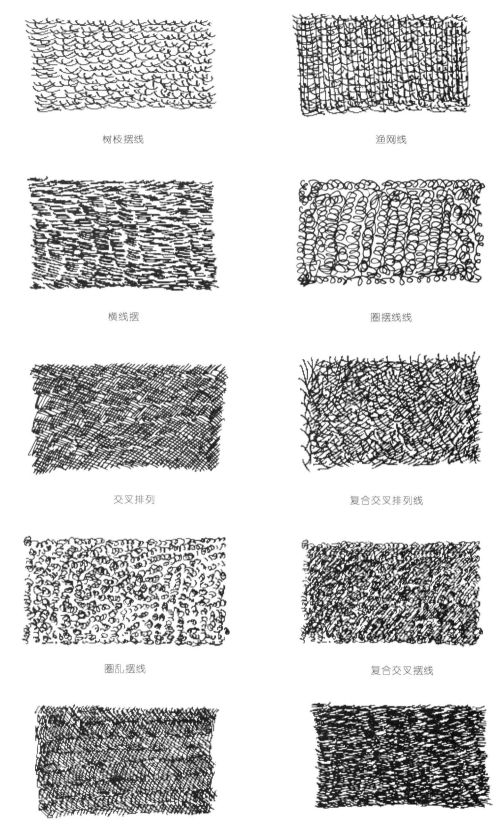

树枝摆线 渔网线

横线摆 圈摆线线

交叉排列 复合交叉排列线

圈乱摆线 复合交叉摆线

复合交叉摆线

图 5-9（四） 线条排列

根据不同的表现对象如建筑、树木、灌木、人物、水体等选择线条的排列方式，可以表现不同的物体形态和质感（见图 5 - 10）。

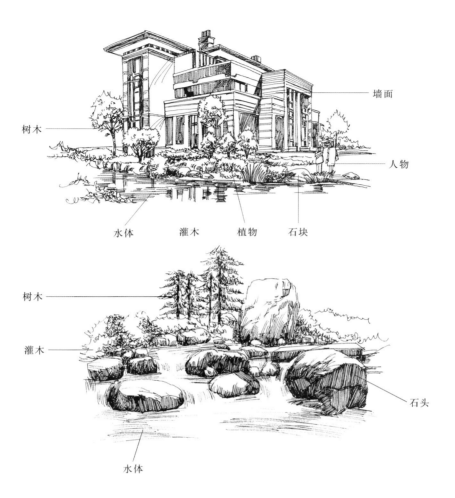

墙面

人物

树木

水体　灌木　植物　石块

树木

灌木

石头

水体

图 5 - 10
各种线条表现不同的物体、不同的质感实例。

第6章 景观·建筑速写中的配景

6.1 配景的意义

景观·建筑速写中的配景，是指与画面主体环境构成一定关系，并且帮助表达主体景观及建筑特征和内涵的对象。配景是景观·建筑速写非常重要的一部分，景观中的植物绿化、景观设施、动态人物和交通工具与景观及建筑物一起，通过一定的组合关系形成具有综合气氛的环境效果。一幅完整、成功的速写作品所传达的是设计者的审美与思想，不仅需要严谨的透视，独具匠心的构图，技巧细腻的质感表现，同时，尤其需要鲜活的配景刻画。

景物速写中的景观及建筑物是画面的主体，出现在画面中的树木、人物、车辆等尽管都是些配角，却起着装饰、烘托主体的重要作用。配景对于我们来说是十分重要的，在配景的映掩下，使较为理性的景观和建筑物避免了枯燥乏味的机械感，在一定程度上增加画面所要表达的环境气氛。配景的表现不仅使观者能够从其中看出景物所在地点是城市或郊外、广场或庭院、依山或傍水，有助于说明不同建筑的特性，因此，在画面中应适当地表现建筑环境的配景。画面上所有配景的布置和处理有时加以夸张，其目的是为了强调景观及建筑的环境内容，以求能够突出景观及建筑物本身。

选择对画面关系密切的常见配景进行分类强化训练是非常必要的。在实际练习中，注重单体造型元素的搜集、积累和练习过程，采用循序渐进的方法是初学者的正确途径。这种方法就是采用分类技能训练，将绘制的各种要素分解开来，逐一进行分项训练，就像舞蹈演员完成一个高难动作，先从分解动作练起一样。在对单体造型元素搜集、积累中，对配景单体造型多角度、多层次分类，尽可能全面地涵盖景观、建筑速写中可能出现的元素形态。在练习中建立丰富的形式技巧，表现手法尽可能多样化，如乱线画法、线描画法、体块画法等。线条流畅肯定、疏密有度，讲究单体造型的形态美感，做到特点鲜明，以备搭配不同表现风格的画面。单体分类练习要求短时期内尽可能多地掌握单体的表现手法，以达到应用目的。配景单体作为构成画面的重要形态元素、关系元素，不仅其形态自身要具备美感，而且还要兼顾全局的气氛与节奏。

6.2 植物速写画法

植物和环境的关系最为密切，成为景观、建筑的主要配景。植物加强了人工环境与大自然之间的联系，起到柔化硬质景观过于人工化的线、面、体造型。植物千姿百态，对建筑等硬质景观而言，其比例尺度的恰当和形态的优美可使画面更为增色。画面中的植物除了能够起到活跃气氛和点缀、陪衬的作用，此外还另有"妙用"，就是在画面构图的空旷处，引入绿色植物，以求达到视觉平衡。

在植物的表现中，应充分考虑其与建筑等硬质景观主要部分的搭配关系，如相互烘托与遮挡，以及在画面中作为近景、中景和远景的不同处理方式。考虑到常绿或落叶的树木、水生植物等不同类别的植物其独特的生长姿态。它们的外轮廓基本形体是比较丰富多姿和灵活的。植物的高度和栽植方法，如孤植、组团等，也在画面中起到举足轻重的协调作用，乱线、线描、体块等不同的表现手法，还可以使植物配合主体形成多种画面整体风格。

景观·建筑速写配景中不同树种的运用可以表现出建筑物的特定环境，不同风格的树可与建筑风格相协调画树木的时候，注意树木的生长特点以及其结构构成，注意树枝、树叶、树干的疏密关系。树丛是空间立体配景，应表现其体积和层次，一般均分别绘出远、中、近景三种树。

远景树：通常位于建筑物背后，起衬托作用，树的深浅以能衬托建筑物为准。建筑物深则背景宜浅，反之则用深背景。远景树只需要做出轮廓，树丛色调可上深下浅、上实下虚，以表示大气所造成的深远空间感。

中景树：往往和建筑物处于同一层面，也可位于建筑物前，画中景树要抓住树形轮廓，概括枝叶，表现出不同树种的特征。

近景树：描绘要细致具体，如树干应画出树皮纹理，树叶亦能表现树种特色。树叶除用自由线条表现明暗外，可用点、圈、组线，以高度抽象简化的方法去描绘。

树的生长是树干向外伸展。树的外轮廓的基本形体按其最概况的形式来分有：球或多球体的组合、圆锥、圆柱、卵原体等。树是有体积感的，树的体积感就是由茂密的树叶所形成。在灯光的照射下，迎光的一面最亮，背光的一面则比较暗。里层的枝叶，由于处于阴影之中，所以最暗（见图6-1和图6-2）。

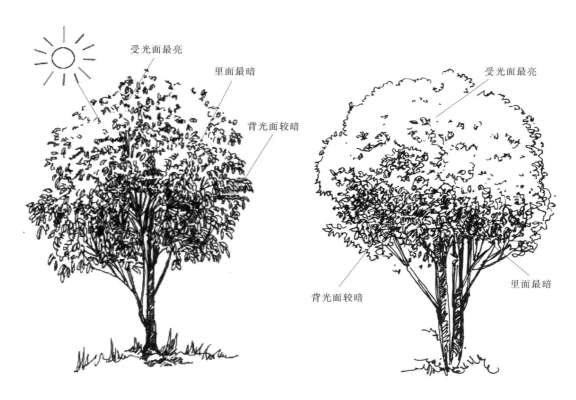

图6-1
桂花树的轮廓及明暗特点。

学习中系统地对不同种类的树进行配景练习。如乔木类树形画法如图6-3所示；热带树种树形画法如图6-4所示；单体树树形画法如图6-5和图6-6所示；行道树的树形画法如图6-7所示；绿篱的画法如图6-8所示。

图 6-2

该幅作品按照植物的生长规律，运用明暗关系原理充分地描绘了植物的勃勃生机。

松树

千头椿

樟树

银杏

图 6-3（一） 乔木类树形

马尾松 水杉

雪杉

柏树 松柏

图 6 - 3（二） 乔木类树形

棕榈

棕榈

铁树

棕榈

图 6 - 3（三） 乔木类树形

棕榈 　　　　　　　　　　　　　椰子树

图6-3（四）　乔木类树形

图6-4（一）　热带树种树形

　　该幅速写作品用线面的方法深入地刻画了植物的形态特征，树干、叶片运用了不同的用笔方法，描绘了植物的肌理。明暗关系明确、立体感强。

棕榈

棕榈

槟榔

图 6 - 4（二） 热带树种树形

红棕榈

棕榈

铁树

图 6 - 4（三）　热带树种树形

杉树

椰子树

松树

水杉

盆景树

图 6-4（四） 热带树种树形

垂柳

榕树

圆柏树

图 6 - 4（五）　热带树种树形

女贞

群组樟树

图 6 – 4（六）　热带树种树形

图 6 - 5

　　这是河南少林寺的一颗古老的柏树，作者运用不同的线条充分地表现了这个苍老柏树的形态，枝干用横摆与竖摆线的手法表现了柏树历经沧桑的意境。用圈线有组织地表现了柏树的树叶，形成了刚柔、轻重的对比。赋予画面强烈的视觉冲击力。

图 6 - 6（一）　单体树形

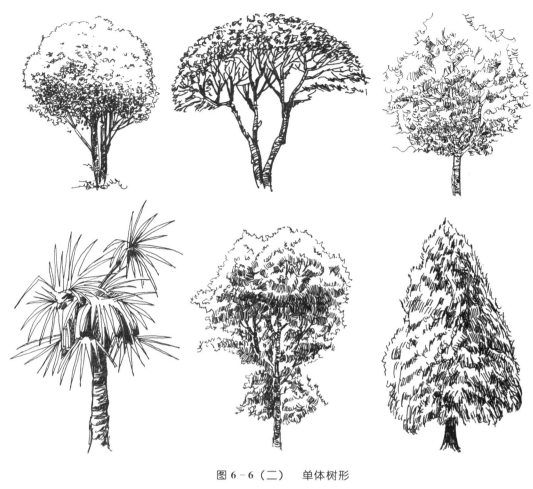

图6-6（二）　单体树形

图6-7　行道树

注意透视变化，同时要考虑树干、树冠的明暗关系，用笔灵活，切不可呆板。简明洒脱，不可拖泥带水。

图 6 - 8

园林绿篱笔法要随意流畅，注重形体的表现，外形轮廓要高低起伏，前后要有层次。

6.3 石头速写画法

石材种类繁多，在场景中的应用情况不一。传统园林中的湖石，应具"瘦"、"漏"、"皱"的形态特点；作为起点景作用的景石注重整体搭配，或成组搭配，或单独放置，形态自然。

景观设计中人工造型的石材则硬朗粗犷、造型多变，因此需要配合不同的画法加以表现才显生动。常用的画法有明暗画法，明暗与线描结合画法，排线画法乱线画法和点画法等。平常练习在变化上多作尝试和探索，并逐步找出适合自己独特的处理风格来（见图 6 - 9～图 6 - 13）。

图 6 - 9

描绘石块的时候要注意石块的形体、大小相间的形式，近处大而疏，远处小而密的虚实变化，用笔轻松灵活，不能呆板僵硬，尽量表现石块的自然形态，也可用一些不规则的线条表现石块的疏松感。

图 6 - 10

　　写生时注意石体的整体趋势，虚实变化，其中穿插花草，用笔柔和，生动活泼，增添画面的趣味感。

图 6 - 11

　　植物与石体的结合绘制，虚实分明，疏密有致，分别体现了植物的柔美感与石体的体块感。

图 6 - 12

　　在整体石块的描绘中要注意形体的组合，画面黑白调明快利落，生动地表现出较好的景观特质，形成画面特有的风格。

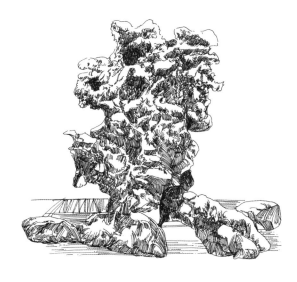

图 6 - 13

　　石艺的表现有不同手法，有的山石险峻恢弘，有的高低延绵，还有的灵秀多变，所以要把握好石艺的形态、造型和结构是尤其重要的，可以借鉴传统山水的画法，先刻画出山石的轮廓和山石的内部结构，在进行有序的深入，塑造时合理运用线条的弯、曲、折、弧的关系，加强石艺质感的刻画，增强画面节奏感。

6.4 水景速写画法

　　水景可分为动、静两种，有各种不同高度的喷泉、水幕、叠水或是平静的湖面。作为一种无形且透明的配景，描绘水景主要依赖成形的周边景物，例如石头和水岸边的植物与水的衔接表现。

　　水静止或缓慢流动时，能反映出其附近物体的形象，但这个映像为物体的虚像，所以其对比关系相应减弱。有时以较强反光打破其具体形象，削弱倒影的呆滞感。水一般是流动的，可以通过白色的波纹反光线和飞溅的水珠来体现。要注意涟漪的颜色相对较深，才能烘托出白色的波纹线和反光，使水面富于变化和动感（见图 6 - 14～图 6 - 16）。

图 6 - 14

描绘水时要注意"动"和"静"的区别，它们的运笔方法各有特征，要注意观察和体会。

图 6 - 15

留白是画水的主要技巧，黑白关系巧妙衬托水流的丰富形态。

图 6 - 16

  线条在排列时随机留出一些间隔和空白，然后在这些间隔和空白的边缘根据物体倒影的规律加画密集的线条，灵活漂亮地表现出水体的视觉特征。水景的描绘也是手绘中的重要内容，水的形式有很多种。运用线条刻画出水中建筑物的倒影，反射天空处留白，这样黑白对比强烈，水上凉亭与整个画面的表现手法相协调，画面整体而统一。

6.5 景观小品速写画法

  景观小品也称为环境设施。景观·建筑速写中常见的小品有指示牌、路灯、垃圾箱、休息椅、花坛、亭子等，材质运用也丰富多样。景观小品设施单体造型的形式美感和协调的比例是重点，同时注重功能性与形式感同在。

  景观小品对渲染气氛、丰富画面，突出建筑物是不可缺少的，通过环境设施的适当运用不仅有助于表明环境的性质，更能在各方面促进画面上整体的成果，可以给画面增加适当活力，并将注意力集中于画面趣味中心（见图 6 - 17～图 6 - 26）。

图 6 - 17

不同类型的雕塑小品所展示各类环境的性质。

图 6 - 18

景观建筑单体，运用简洁明了的长短线条，黑白灰的过渡，概括物体的形态。

图 6 - 19

运用不同的线条笔触表现不同材质形体。

图 6 - 20

　　椰树、灌木、石头组合而成的
景观小品。高矮、大小形成了较强
的空间层次。

图 6 - 21

景观建筑小品中植物与水池的有机结合。

图 6 - 22

景观建筑小品中植物与山石的紧密搭配，不同植物之间的景观组合。

图 6 - 23

高低错落的植物与山石的紧密搭配形成的景观组合。

图 6 - 24

景观小品中石狮的画法。运用长、短线相结合的摆线方法，既惟妙惟肖地表现出狮子的形态、
神情，又很好地表现出石材的质感。

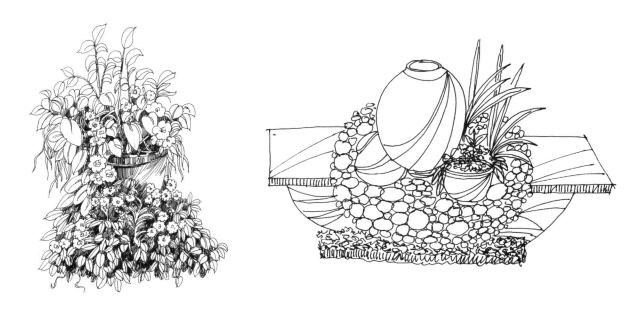

图 6 – 25

　　用白描和明暗结合的方法，表现植物和花卉的柔韧及黑白关系，用线描的方法和流畅的笔法表现景观小品的趣味性。

图 6 – 26

　　景观小品：木帆船。这是南海的一只木帆船，用摆线的用笔方法，注重结构交代，灵活多变地描绘了小船历经风雨的形象。

6.6 交通工具速写画法

　　交通工具多用于表现生活气息，借助交通工具辅助表现场景的空间关系。画汽车要考虑到与建筑物的比例关系，过大或者过小都会影响到建筑物的尺度。另外，在透视关系上也应与建筑物协调一致，准确的透视关系和严谨的结构比例是交通工具速写的关键，否则会破坏画面的统一感。

　　汽车是常见的交通工具，在人们的日常生活中，发挥着不可替代的作用。汽车的种类繁多，造型优美，在建筑景观中也是重要的配景，能充分的烘托环境气氛，能表现现代社会的先进风貌。画汽车一般应该简练概括，只要突出汽车的类型和处于不同方向的特征，更应该重视汽车的大小与建筑物的尺度关系。要画好汽车应经常观察现实生活中的汽车形象，充分了解汽车造型的结构特点。下面就各类汽车的形象做了一个概括的速写。

　　（1）汽车的画法一：卡车如图 6 – 27 所示。

图 6 – 27

（2）汽车的画法二：公共汽车如图 6-28 所示。

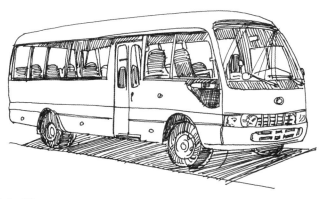

图 6-28

（3）汽车的画法三：吉普车如图 6 - 29 所示。

图 6 - 29

（4）汽车的画法四：小汽车如图 6 - 30 所示。

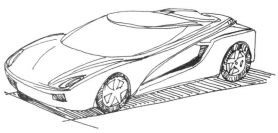

图 6 - 30（一）

图 6-30（二）

（5）摩托车的画法如图 6 - 31 所示。

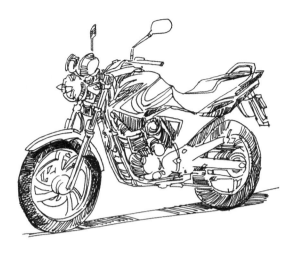

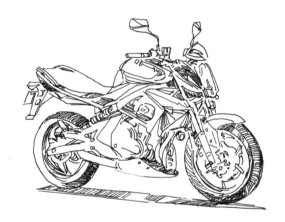

图 6 - 31（一）

图 6 - 31 （二）

（6）自行车的画法如图 6 - 32 所示。

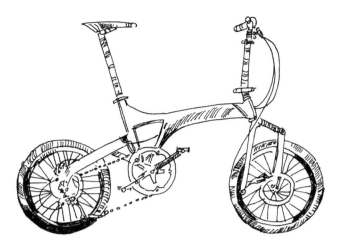

图 6 - 32

6.7　人物速写画法

景观、建筑速写中的人物配景主要起三个作用：①显示空间尺度感，衬托建筑物的尺度；②营造画面生动的生活气息，增添画面气氛与色彩，烘托场景气氛，如商业、休闲、娱乐等；③由远近各点的人物不同大小增强画面空间感。配景人物只画其姿态、比例，不画细节。人物应有单个，也有组合，以丰富画面为宜，如图 6-33 所示。

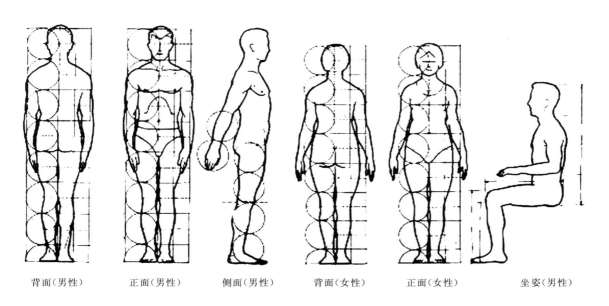

| 背面(男性) | 正面(男性) | 侧面(男性) | 背面(女性) | 正面(女性) | 坐姿(男性) |

图 6-33
刻画人物要注意比例，一般来讲，站姿为 7 个半头长。

建筑景观速写中的人物一般宜用走、坐、站等姿态展现，个别场景也可运用骑车、奔跑等姿势，可单独表现，也可组合搭配，一般应画得简略概括，近景时甚至可以只画剪影，如图 6-34 所示。

图 6-34
有时根据画面需要，人物可以用概括的剪影方法来表达。

画面空间的特定用途决定了人物的活动程度、人物的组合、服饰及许多其他因素。不论是工作、休闲还是体育活动，每个人都应为特定目的和季节而适当着装。

人物动态速写的要点是表现人物的动态，人物形象速写则着重表现人物形象，包括其五官形象、服装动态及所体现的性格、人物身份等个性特点。相对来说，人物形象速写要表现的内容更为广泛和深刻，难度也就更大，其速写效果也更加精细和富有生活气息。人物形象速写着重表现头部形象、手势和服装特征以及和人物形象有关的道具等。

人物形象速写的方法是头像速写和人物动态速写相结合的画法。如果有机会对某个人物形象进行较深入的速写则更好，对着流动的人群中的形象画人物形象速写则比较困难，这要借助记忆的帮助并加进默写的成分，或者对同类形象、同类服装、同等身份的人物进行综合表现。

人体的动态速写要求画者不但要具备较高的造型能力和整体意识，还要具有敏锐的感受能力和熟练运用解剖知识的经验。在实际写生中，较难仅靠瞬间的观察来完成一幅特定动态速写作品。必须依靠对这个特定动作的一般性经验和相关知识记忆作补充，才能完整地完成速写。要在动态速写训练中做到上述要求，必须学会"抓住"和表现"动态线"。动态线是人体中表现动作特征的主线，一般表现在人体动作中大的体积变化关系上，人物侧面时，动态线往往体现在外轮廓的一侧；当人物正面时，动态线会突出于脊椎和四肢的变化。抓住动态线对于画好动态速写是至关重要的，如图 6－35～图 6－37 所示。

衬衣的素描画法

上衣线面结合的画法

裤子的勾线画法

裤子的简略勾画法

鞋子的简略画法

鞋子的详略描绘法

图 6－35

图 6－36

人物头像素描画法：该幅头像用准确的线条表现了黑白灰的层次感，充分地刻画了人物的表情和性格特征，具有较强的震撼力。

图 6 - 37

人物线描画法：该幅人物半身像使用线描的方法，准确生动地交代了人物的结构关系，线条流畅。在人物速写中经常用到这种方法。

人物脸部速写：头像是人物的重点，描绘时应该充分发挥钢笔或针管笔精心刻画的优点，可以细致地描绘人物的头发、五官及面部表情。画人物的面部时，应遵循面部骨骼和肌肉的结构特征，用线的方法可以灵活多变：既可以用灵活的线条，也可以用粗犷的线条；既可以用白描的方法，也可以用素描的方法，如图6-38所示。

人物动态速写如图 6-39 所示。

图 6 - 38

人物动态速写示范如图 6-39 所示。

图 6-39（一）

图 6-39（二）

图 6 - 39 (三)

第7章　景观·建筑速写的基本步骤

景观·建筑速写主要表现自然中的天、地、物三大关系。在速写中，它们表现为对比关系，同时又相互衬托、相互依存。三大主体之间的描绘手法、尺度、比例要尽量区别，同时运用不同的线条，表现对它们的不同感受，并要突出主体性。对于在建筑景观速写时，自然景物与建筑本身是相对静止不动的，除了气象变化、时间有时会使物象产生光影变幻，建筑本身不会产生位置的移动，这就使我们有较多的时间选择作画角度，确定构图和深入刻画。下面以具体的方法和例子讲述景观·建筑速写的基本步骤。

7.1　选择与取景

在室外环境中去速写，所面临的第一个问题，就是去寻找发现所要画的建筑与环境素材和题材，发现建筑环境中对作画者有吸引力的、能感动画者的速写内容。所以认真感受确定所画对象是画建筑景观速写的第一步，确定画面内容和主体一定要根据自己的爱好、兴趣和感受，选择自己最想画的那部分对象。一定要克服不注意观察、缺乏感受、坐下就画、看到什么就画什么的盲目性。现实的建筑景观环境是一组组连续的而且是多视角的场景，画建筑景观速写时需要画者去选景，这个过程实际上就是训练画者对建筑环境观察、发现、选择和组织画面能力的过程，也是不断培养和提高建筑审美能力的过程。

认真观察后就面临取景。应该说取景是景观建筑速写的第二步，其道理与摄影师取景相同。取景角度的优劣关系到画面效果的成败。如果选定了所要画的对象和内容，无论是一幢房子还是一组房屋，都需要对其进行最佳观看角度和位置的选择，同时还要注意建筑与周围环境的组成情况，以及是否符合画者理想的表现要求。有时可能在一个建筑环境中，根据不同的框景，会产生多种主题形式的速写构图。初学者可以动手制作一个取景框，用它帮助观察和选景，可以明确地选出理想的角度，形成完整的构图。也可以坐下来用双手交叉形成一个取景框。所谓最佳的角度，一是有利于确定所画物象，二是有利于选择画面透视。

角度确定后，要确定视平线在画面中的位置。视平线在画面的中间是平视构图，在画面的上方是俯视构图，在画面的下方是仰视构图。构图形象不同，画面的效果和气氛也不相同。确定角度和透视形式，是落笔作画前的构思阶段，构思充分是画好速写的根本保证。

7.2　取舍与组织

现实中的建筑与环境有时会杂陈无序，需要有所取舍与组织。要经过我们的观察和表现意图，提取出最主要的东西，把繁杂的场景通过概括、提炼后表现出来，主次有序，所谓主次有序就是将所要画的内容分为主要景物和次要景物，缺乏次要景物会使主要景物显得单薄、孤立，只有次要景物而缺乏主要景物，会造成速写无主题。注意主要和次要景物要有呼应，如远近、大小、高低、虚实等然后合理地安排到速写画面上。同时要注意认真把握形体的组合与画面切割。在形体组合这个问题上要注意：①不同位置的组合；②不同质的组合；③不同量的组合。另外要重视角度与空间序列的确定，画面中造型因素均应按空间位置的变化而变化，为了使画面中造型因素有条不紊，需要物体在特定的角度下形成明确的空间序列。

7.3 整体画法步骤

（1）步骤一如图 7-1 所示。

图 7-1

第一步，首先要安排好视线的位置，然后起形，大致轮廓线用勾线法画主要形象的大致轮廓线。只重形象本身的结构组成关系，不重其明暗变化，线条清晰。为了集中反映主要形象，可以把某些次要形象省去不画，或在合理的范围之内在画面上改变它们的位置，使构图更加理想，主体形象更加突出。

（2）步骤二如图 7-2 所示。

图 7-2

77

第二步，定好位置和打好主要形象的轮廓后，描绘主要形象，要认识其特征，力争做到心中有数。还要注意建筑物的结构、明暗等特点，要画得简练扼要、确切生动。

（3）步骤三如图 7 - 3 所示。

图 7 - 3

第三步，建筑景观速写刻画的重点是画面中出现的主要形象，若画面中出现近景、中景和远景，那么，近景是要重点刻画的主要形象，中景次之，远景再次。中景和远景应起衬托近景和烘托气氛的作用，有时中景的形象是主要刻画的部分，视主体物而定。

（4）步骤四如图 7 - 4 所示。

图 7 - 4

第四步，深入刻画和调整。例如画树，把握住树干的基本造型姿态，明确基本结构形象和不同的生长规律，其次是把握树枝的生长位置和方向；再如画建筑，建筑由于用途不同、构成材料不同，它们的构造特点也各不相同。若把建筑的基本结构特征与透视画错，便会失去应有的美感，歪曲其形象特征。整个画面完成后，要调整和补充，使作品更加完美。此作整体表现得十分概括、洗练而又不乏精微之处。

7.4 局部画法步骤

（1）步骤一如图 7-5 所示。

图 7-5

第一步，先目测建筑物的高、宽尺度，上、下的宽窄比较，把握住形体的基本特征再刻画主要形象的轮廓，胸有成竹，用笔肯定，构图集中反映主要形象。在实际写生中对自然景物要学会概括表现，这就强调对素材的取舍与添加等因素的思考。这种感受一半靠眼观，一半靠心悟。

（2）步骤二如图 7-6 所示。

图 7-6

第二步，以主要形象的描绘展开，做到心中有数。一幅建筑景观速写品位的高低，除了技法以外，还取决于作者的修养及作画时的立意构思，立意要高，构思要巧，技法要活。画重技法，但无定法。因此表现技法要因景而变、缘情而画。

（3）步骤三如图 7-7 所示。

图 7-7

第三步，建筑景观速写刻画的重点是画面中出现的主要形象，而配景也非常重要。在基础训练中要建立和强化结构观念，这是提高造型艺术技能，是掌握造型基本方法的有效途径。主体物与配景都有结构，要细心刻画，把对象的特征表现出来。

（4）步骤四如图 7-8 所示。

第四步，深入刻画近景。例如睡莲与水体细致描绘，注意线条的疏密和黑白灰的层次变化。整个画面完成后，要调整和补充，要强调表现意境及情趣，从而创作出成功的作品。这是一幅形、色、技表现俱佳的速写，它把那种充满了阳光的田园诗般的感觉准确而生动地诠释了出来。在此图的茅屋顶描绘上并没有具体地去刻画茅草，而是些许留白前面四周以比较纯粹的线面组织，从而给画面增添了一种抽象的视觉趣味。

图 7 - 8

第8章 民居速写赏析

传统民居是中国典型的建筑类型，承载着厚重的中国传统文化。常常被画家、诗人与设计师用来描绘和歌颂。

传统民居建筑是建筑艺术的宝库，也是传统文化的殿堂。步入传统聚落，嗅着古老的气息，踩着脚下的光滑圆溜的砖石，摸着古朴木雕的窗棂和雕刻精美的石门石阶，遥想当年大院里的繁华与喜怒哀乐……

走进周庄古镇，水乡的柔美情思扑面而来，每一块青砖，每一块牌匾，每一寸雕饰，都倾诉着昔日的优雅和内敛。周庄古镇，中国第一水乡，枕上人家，犹如一幅水墨长卷图画，荡漾着优美的旋律、凝固的乐章，让人眼睛发亮，流连忘返。

走进徽州古镇，宏村、南屏、西递……古朴典雅的徽派明清民居式建筑风格，粉墙黛瓦深藏的韵味，风水选址、引水理水的理念，令人强烈感受到一种和谐、节制、含蓄之美。

走进湘西凤凰古镇，仿佛人间仙境，沱江边的吊脚楼层层叠叠，不禁让人情绪激动，心灵震撼。真是踏破铁鞋无觅处，在凤凰小镇可以找到一种久违的爽朗、宁静与恬淡。

走进云南丽江古镇，小桥流水，柔柳依依，好一幅江南景象。鳞次栉比的茶坊酒楼充满纳西族风味，使人依依不舍，是寻找创作设计灵感的好去处。

走进福建土楼，圆柱形建筑，传说中的客家民居。乍一看是地上的蘑菇又好像是天外飞碟，"飘摇沼泽竟是风水宝地，东歪西斜却数百年屹立"，这些神话般的中式城堡暗藏了玄学的神秘，庞大的建筑给人强烈的视觉震撼。"承前祖德勤和俭，启后子孙读与耕。"无不显示着中国古代的建筑之美，也不断诉说着中国永不凋零的传统文化。

传统民居反映出各族人民的生活生产方式、习俗、审美观念密切相关的特征。北方的四合院、蒙古族的蒙古包、陕西和河南的窑洞、安徽的徽派建筑、湘西吊脚楼、福建的土楼等，都是"古民居建筑艺术的宝库"。相信我们的建筑师都会继承发扬民族的精华和传统，让民居建筑有机地融入世界文化，并焕发出奇光异彩。品味民居建筑，也是体会中国古人的生存智慧，描绘民居景观·建筑也是表达作者的审美情趣和情感寄托，以唤起人们对民居文化的深刻情感，那充满着生命精元，千姿百态，诗意般的民居建筑，使人呼喊，让人留恋，更使人警醒。

民居景观·建筑速写如图 8-1～图 8-67 所示。

屋后的山 门前的河

图 8－1

　　这是一幅时间较长的徽派建筑速写，阳光明媚，使人品味到中国古代建筑所蕴涵的"与天地合其德……与四时合其序"的无限美感。

图 8 - 2

灵动多变的线条深刻地描绘出土楼建筑富于理性的哲学品格。体现了"天人合一"、人与自然相"亲和"的哲学思想。画面又让人联想到欧阳修的诗句"庭院深深深几许？杨柳堆烟，帘幕无重数。"

图 8 - 3

  如果只是单纯的描绘外型，那么在表现上自然会缺乏生气，正所谓画由心生，要了解建筑，了解建筑的形式，了解建筑的特点，了解建筑所处的人文环境，了解建筑的美。这幅作品正是把握了江南民居的特点，体现出小桥流水人家的独特意境——静而安详。

图 8 - 4

  在作画时加以取舍和概括，保留与主题有关的精华部分，舍弃与主题无关多余部分，使得所表现的场景、主题的内容更加突出，更加精彩，使空间层次更加明确，使速写语言体现出以少胜多的艺术特点。

图 8-5

　　该作品在表现民居、石桥、小桥、流水、植物等形态结构的同时，在画面中组织和创造能产生形式美感的表现形式，整幅作品集中而不单调，稳定而不呆板，丰富而不平均，活泼而不散乱，特别是正在划动的小船，使画面产生美的视觉感受。

图 8-6

　　该作品为典型的一点透视，利用线条的疏与密，对比产生一种距离节奏，即近景、中景、远景。整个画面营造出丰富而静雅的意境。

图 8 - 7

  漫步在周庄的青石小路上，感受水乡的历史文化。这幅作品使用针管笔，从大的透视关系入手，细致地刻画水道两边的民居建筑，灵活的线条描绘出水乡枕河人家的趣味。

图 8 - 8

  这幅作品重点刻画河道两边的民居建筑，画面右边两层的小楼是亮点，利用线的曲与直对比产生一种张力节奏，利用线的运动与静止对比产生一种动态感，加之线条的疾驰、奔放与婉转，产生出节奏与韵律的和谐。

图 8－9

　　一幅优秀的作品，画面既要丰富，又要整体统一。在深入刻画建筑局部细节的同时，要考虑全局的整体关系，使画面在整体中有变化，有变化而又不失整体感。

图 8－10

　　画面上整体用线有组织有意识地将物象取舍与用线的疏密有机结合在一起，近处的石桥用长直线拉出与远处的民居建筑相呼应。

图 8 - 11

　　这幅作品为周庄太平桥一景，在刻画建筑的时候需要有变化，学会取舍，切记雷同。特色民居建筑倒影在水里，水的倒影也要根据水面上的物象形状来画，尽量简约概括。建筑的虚实对比成为该幅作品的亮点。

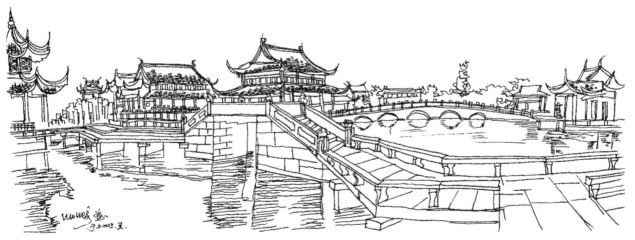

图 8 - 12

　　这幅作品运用留白的方法强化了水的质感，笔下的佛殿、石桥跃然于视野之中。远处的拱桥简单几笔让人感到有平和明静之气。

图 8-13

　　该作品作画时注意处理好近、中、远景的调子关系，在自然中找线条，合理取舍、构图，理性地把水面留有水波纹，突出近景中人物的刻画。让人有一种摇啊摇，摇到外婆桥的联想。

图 8-14

　　这幅作品描绘的是周庄外婆桥一处小水景，利用一点透视原理更能表现出江南水乡河道的深远，视觉冲击力强，小船上的人家与河道边写生的学生的刻画，使画面显得更加生动。

图 8 - 15

　　自然界中花草树木等都有其生长规律，但自然界中的物象规律并不一定符合画面的形式
美感，通过物象的取舍归纳，用线的组织安排，使形象更鲜明、生动。

图 8 - 16

　　该作品采用勾线法，重点把握物象本身的结构组成关系，淡化其明暗变化，使用针管笔
作画，线条清晰，最适合表现明媚秀丽的景色与情调。画面线条潇洒灵秀，构图饱满。

图 8－17

这幅作品是在对形有一个大致把握的基础上一气呵成，线条轻松，形象生动。

图 8－18

该作品从景物的形、主次和空间出发，对线条的排列、方向、疏密、穿插进行处理和把握，使画面形成有组织的疏密对比。

图 8 - 19

　　景观建筑速写并非摄影一般纯客观地描绘对象，在表现客观世界的同时必然渗入自己的主观感受，速写中对自然景物进行概括与提炼，该幅作品对植物进行了一些变化，使画面构图形式更为协调。

图 8 - 20

在作画时不要过于拘泥于形似，死抠对象比例与结构，要敢于大胆下笔抓景物的大特征和主要的形，抓景物的神韵。

图 8 - 21

画面中景物的疏密、大小、位置以及景物的起伏等，都要符合视觉上的均衡感，线条的组织要注意整体感，使画面有贯气的感觉。这幅作品删减有度，和谐典雅。

图 8 - 22

　　经过构思、取景、取舍，运用一点透视原理。老街的石板路、特色的马头墙、墙壁上裸露在外的砖头，都用不同线条表达，使其更传神。

图 8 - 23

　　采用简单线描的形式勾勒出老街的一角，建筑、街道及人物的准确透视，使老街充满市井生活的气息。

图 8 - 24

  砖墙、地面、屋顶、人物等，各有不同的质地，因而用线就要有区别，用不同的线描绘不同的内外轮廓是必要的。

图 8-25

　　不同的材料，不同时期的建筑用不同的线来表现则更加精彩动人。对于云南丽江古镇来说，运用长而流畅的线描绘，紧中有松，飘逸顺畅，表达出建筑物的精神实质。用曲线刻画小镇街道，沉畅而有韵律。

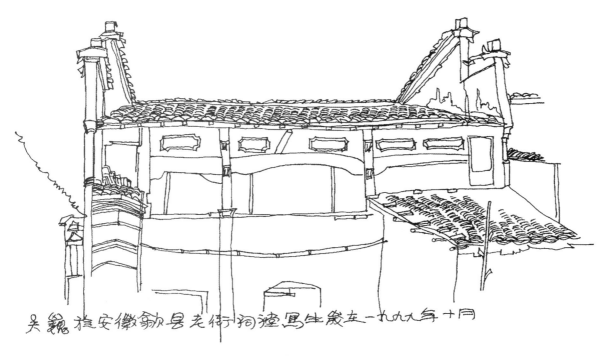

关魏 在安徽歙县老街 狗逗 写生 爱在一九九年十月

图 8 - 26

　　这是典型的徽派建筑。采用勾线的画法，长线与短线的结合，有虚有实，建筑的屋顶与马头墙是刻画的重点，局部特写，生动有趣。

2005年7月20日在安徽西递邮吴嘉 写

图 8 - 27

　　运用抖笔曲线，更能体现老旧残缺之美，用笔不可过分拘谨，在遵循结构和透视的原理下，运笔要放松。取其一角进行描绘，也别有一番风味。

图 8－28

　　这幅作品刻画的是安徽宏村的一处远景，以细线条勾画出建筑的轮廓，近景处随意勾勒植物与水体的肌理，远景处补上几条山形轮廓线，以平衡整个构图的轻重疏密。

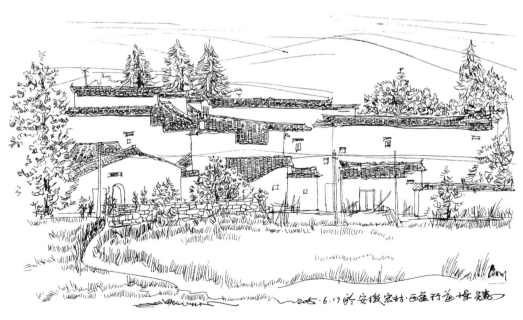

图 8－29

　　这是一处很秀美的西递小村，非常安静。建筑轮廓线不但要有穿插、虚实、透视，而且还有造型节奏。以疏密繁简的对比凸显出建筑的特色。

图 8 - 30

　　这是一幅建筑远景的速写，关键在于建筑细部恰到好处地概括和对形体透视的准确把握。远景的速写重在表现建筑群体关系及建筑与环境结合的关系。整幅画面多处留白，近、中、远景处理很到位。

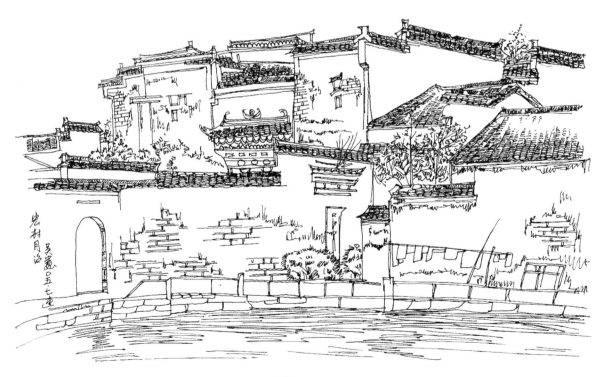

图 8 - 31

　　这幅作品的成功之处在于对建筑的描写随意而生动，瓦片刻画细致，月沼的水体灵动自然，场所感较强。

图 8 - 32

　　快速而准确地表现速写中各物象的形态、结构、比例以及透视关系，表现出具有秩序感的
速写透视空间。

图 8 - 33

　　运用熟练自然的曲线整理出周围杂乱的树木，肯定而厚实的笔触重点勾勒出村口的凉亭，
这样不仅表达出建筑物的尺度，还表现出了建筑所在环境的多重空间层次。

图 8-34

　　黑格尔说，艺术即绝对理念的表现。这幅速写想对七里牌坊加以表现。以轻松的线条快速勾勒出沉重的牌坊，以体现它的沧桑。同时注意主次、远近、虚实等关系，画面生动、鲜活、丰富而有意味。

图 8-35

　　安徽宏村南湖很多人都喜欢描绘，该作品横向构图很别致，重在表现近处的树木与远处徽派建筑对比所产生的趣味，树木画得非常细致，加之南湖的水景，组成了近与远的空间层次。

图 8 - 36

　　一点透视对于强化画面的进深关系，表达建筑速写中各个形体的空间深度感最为有力，在这幅速写中来表达延伸的街道是最好不过的。表现了建筑物的体积感与厚重感，又增加了画面的宁静气氛。

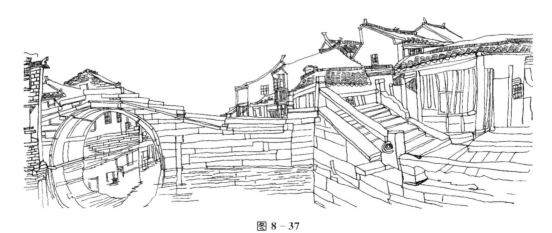

图 8 - 37

　　为了作画有把握，可以在纸上进行内容分割，也可以用笔先做记号。局部下笔时，做到上下、左右兼顾，虚实相生、动静相衬、疏密相间、大小相成、长短相连、轻重相宜、曲直相和，使构图逐步完美和谐。

图 8 - 38

　　面对一个场景，一个环境，不可能巨细无遗地将所有见到的东西画出来，这幅速写想要以雨天小巷内撑伞的人流为主体，简洁的线条刻画小巷两边的建筑，使画面达到近、中、远景层次分明，主次关系清楚，画面上各物象组合协调。

图 8 - 39

　　从构图的角度来理解，这幅速写属于满构图。满构图的画面，内容丰富，常用来表现充满生气的内容，以轻松的线条勾勒出市集热闹的场景。以中国画白描的线条进行描绘，使画面充满了生机与活力。细致地刻画了木构建筑的结构，虚化左边建筑屋檐的处理，使画面产生了较强虚实感和空间层次感。

图 8 - 40

　　画速写时建筑物与周围的环境密不可分，写生时把河道、小船、石栏、小道与建筑物一起来描绘，把它们看成是一个有机的整体，全盘考虑它们的主次、虚实和空间层次关系，相辅相成，相得益彰，才能增强画面的艺术感染力。

图 8 - 41

  不同的建筑材料有不同的质地，像这幅速写中沿河的建筑物，靠近河水的部分是用石块垒成的，描绘时用短排线加斑块笔触来刻画，容易表现出质感。房顶用不规则的弧线去刻画，质感也表现得非常好。

图 8 - 42

　　这是一幅描写周庄街景的速写，其中的三毛茶楼是刻画的重点。周庄的古建筑有较规则的形体，画准建筑物各部分的透视关系尤其重要。作画时先画出建筑物的透视线，确定屋顶、门窗、墙壁等物的消失点，再进行细部的刻画。

图 8 - 43

　　该作品重点刻画江南水乡的建筑物，深灰瓦片刻画精致，加上大片的植物的概括描画，抓住了船在门前过，水在屋里流的水乡特色，画面很出效果。

图 8 - 44

    这幅作品以俯视的角度来描绘。近景处运用变化多样的排线来描绘水的波浪，精准的线条刻画古建筑的青瓦粉墙。中景线条变化要简单一些，远景要再简单些，仅用统一的平行排线。

图 8－45

　　该作品在较短的时间内对物象的外轮廓、空间体量和穿插关系用简明的线条作一个准确交代，之后再进一步地刻画。选择仰视的绘画角度与一点透视原理突出主要对象，使画面更有进深感，建筑物有崇高感。

图 8－46

　　该作品在写生中，首先通过线条来表现对象的内外轮廓、比例、姿态，在对形有一个大致把握的基础上一气呵成，线条轻松，形象生动，有画味，"描"和"凑"只会使画面呆板、被动。

图 8 - 47

　　徜徉在芙蓉镇的老巷中，村村是画，步步是景。该作品利用线的长短、刚柔、粗细、虚实等具有节奏和韵律的线条表现出生动活泼的小巷景象。

图 8 - 48

　　该作品无论是构图、选景都非常注意与天、地、水的环境关系，仅
使用线条表现场景，柔和的曲线表现出水的柔美，形成优美和谐的景观
风貌。

图 8 - 49

　　竖线条的坚定、挺拔最适合表现建筑形体，该作品运用细而流畅的线巧妙地绘出建筑
旁边的布幔轻莹、柔和、飘逸的感觉。不同的线条，却体现出作者对该速写形体、结构、
特征、节奏、韵味、艺术的深刻理解与掌握。

图 8－50

　　小镇惨遭火的洗劫，镇上的木构建筑仰望苍天很入画，画的时候需把握虚实，不要画得太满，有点斑驳感，突出小镇的久远沧桑，同时表达了作者的痛惜之情。

图 8－51

　　这幅作品完美地体现了自然美与人工美的结合，对于山体植被的自然景观表现得十分流畅，笔法运用得当，中间加有人工建造的房屋，加上牲口的刻画，整幅画面表现了人与自然的和谐画卷。

图 8 - 52

　　这是站在高点远望的视角来表现的场景，小桥、流水、植被都融为一体，和谐丰富，远处的山脉进行省略的画法，更加突出前部的景色，重点突出。

图 8 - 53

　　这是一家宅院的细致刻画，空间的对比以及物体大小的区别比例都表现得很准确，错落有致的阶梯增强了整幅画面的空间感与意味性。

图 8-54

　　对于建筑底部的刻画一般都比较少见，作者抓住了建筑底部的造型特点，重点刻画了建筑底部用石块与圆形石头堆积而成的建筑基底，表现手法特别，画面具有独一无二的特点。

图 8-55

　　这幅作品的立意在于表现桥的安详与稳定，树木的倚斜舒展。线条组织多而不乱，相映成趣。画面自然生动，表现了山区的特有景观。

图 8-56

　　这幅作品刻画得十分完整细致，重点突出刻画了吊脚楼的形态、特点、屋顶、砖瓦，每一个细节也都描绘得游刃有余，包括吊脚楼下方的砖石以及木质结构的"脚"都分别刻画出来，虽然整幅画面线条繁多，但是每一笔都有他所承载的分量，前面的水景以及屋后的山景简笔带过，整幅画面重点突出、线条表现手法丰富多变，刻画精美。

图 8-57

　　该作品流畅随意的线条表现水的律动，与房子的静产生鲜明对比，效果甚好。有些瓦屋面、水面留白不画，这个"白"既是受光又是空白，同样也有艺术表现力。

图 8-58

　　画面是对村庄的刻画，线条轻松随意，对于建筑的形体刻画灵动，加上大面积的刻画建筑前的水田景观，使整幅画面立体感、纵深感增强，天空处留白处理，使画面留有余地，透气感比较好，画面富有生气，好一派田园风光。

图 8 - 59

　　画面用清晰的线条表现了建筑的整体结构，具体地描绘了木质结构的建筑形态，横竖交错的木柱以及排列密集的围栏，疏密有致，很好地表现了整个画面的场景，篱笆围合着小院落显得很自然随意，以及篱笆外的草皮植被和建筑后的树木山景突出衬托出画面主体建筑。

图 8 - 60

　　这幅作品画面透视感很强，同时也运用了少部分的夸张手法，将距离作者很近的墙体描绘得很宽广、高大，并且进行虚化，视觉中心的部分刻画十分具体、细腻，这样的表现手法使画面很有内容，在巷口末端予以留白，使画面现象空间增强，让人产生巷外有景的错觉留有想象的空间。

图 8－61

　　这幅作品将建筑退为背景来描绘，表现出建筑的宏伟高大，对于屋顶的形式刻画得较为具体，以及建筑下面的墙体，砖石结构表现得比较写实，能够清晰地分辨出建筑材料的不同质感，另外在建筑前面加以植物的描绘，使整幅画面空间感、立体感很强，富有活力。

图 8－62

　　整幅作品更多地运用了纵向的线条描绘吊脚楼的建筑结构和形态，线条流畅、纵横交错，不像常见的描绘手法，对于屋顶的画法略微简单，重点突出了建筑实体的结构，再加上横向线条描绘墙体，块状形式的线条来表现建筑底部的石块，这样维持了整幅画面的平衡感。

图 8 - 63

　　吊脚楼的建筑群落是许多画家和设计师喜欢描绘的场景，这幅图作者的手法运用准确，线条柔中带刚，清晰地表现了吊脚楼的结构以及建造技艺，对于屋顶的刻画虚中带实，增强了画面的立体感，加上水景的描绘，线条笔触方向的变化，使画面丰富又不显琐碎，远景植物的描绘，使画面富有生活气息。

图 8 - 64

　　画面以俯视的角度刻画村庄内巷道的景象，运用排列有序的线条描绘建筑屋顶的砖瓦，以及斑驳的路面，整幅画面的元素整齐地排列，屋顶与路面在视觉上相互交错，层次感清晰，丰富又不显凌乱，加上屋檐冒出的枝条，打破了画面循规蹈矩的感觉，使画面充满生机。

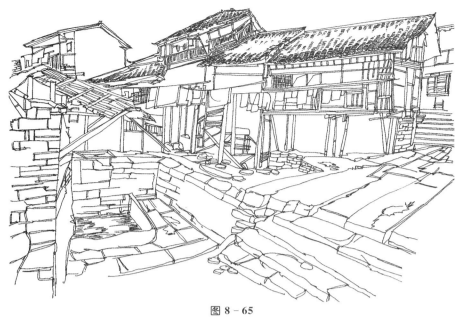

图 8 - 65

　　湖南凤凰一地的建筑形态多数以吊脚楼为主，作者分别表现木质结构的建筑以及石砖结构的巷道，区别其中质感的差异，同时运用断线的有序排列表达建筑屋顶的形态，而建筑下方则运用大量留白，以保证画面的透气感，平衡画面的疏密效果。

图 8 - 66

　　这幅作品作者运用线面结合的方式将建筑与空间环境的和谐关系处理恰到好处，用排线的方式细致地刻画了土楼的黑白灰关系，水的处理上动静结合很有特色，植物的刻画概括简练，地域特色非常明显。

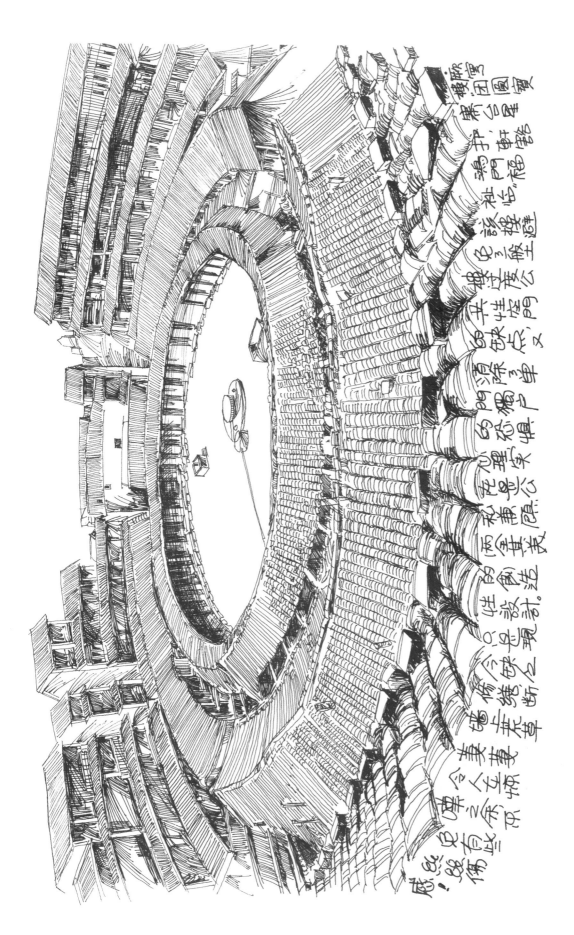

图 8 - 67

这幅作品描绘的是福建建宁楼赋宁楼的鸟瞰形象。构图完整，构图完美，用笔整齐，不呆板。特别是内院留白很有意
味，形成了视觉中心。画面下方的文字记录了土楼的历史和建筑特点，与画面相映成趣。既为今后的设计收
集了素材，又不失为一幅优秀的作品。

第9章 园林景观速写赏析

> 园林就是造在地上的天堂，是一处最理想的生活场所的模型。……所以，不能只从对自然美的审美关系去理解造园艺术。只有分析人们在一定历史条件下，一定文化背景下的全部理想，才能完全理解造园艺术。
>
> ——陈志华《谈造园艺术》
>
> 全能的上帝率先培植了一个花园；的确，它是人类一切乐事中最纯洁的，它是最能怡悦人的精神。没有它，宫殿和建筑物不过是粗陋的手工制品而已……
>
> ——F.培根《论花园》

中国园林历史文化悠久，融汇了传统哲学、美学、文学、绘画、建筑、雕刻、园艺等多门类科学艺术和工程技术的成就，采用了"因天时、就地利"的灵活布局方式，以"诗情画意"为主导，在世界园林史上独树一帜，享有很高的地位，是祖先留给我们的瑰宝。

古典园林的主要特点是因地制宜、掘地造山，利用环境组织借景，构成富于自然情趣的园林。通过对大自然风景素材的概括和提炼，有意识地加以改造、调整、加工，创造出一个精练概括浓缩的自然环境。其"模仿自然，高于自然"，"虽有人作，宛自天开"。中国古典园林总是将建筑物巧妙地组织在山、水、树木之间，使之每一景都包含着浓郁的诗意，每一空间都有着浪漫的情调，追求悠闲雅逸的意趣。建筑大师梁思成先生曾说：中国园林就是一幅立体的中国山水画，这就是中国园林最基本的特点。

从文化角度看，古典园林建筑的文化意蕴丰富而深邃，是技术与艺术的文化综合表现，它浸润着中国文化的内蕴，是一个民族内在精神品格的写照。每一座园林里都有感情倾向：有的是一种矛盾心理，反映出理想与愿望之间的矛盾；有的是寓寄了另一种心境。总之是以追求自然精神境界为最终和最高目的。

古典园林的艺术特色是师法自然、融于自然、顺应自然、表现自然，无论是借景、对景，还是隔景、分景，都是为了创造空间，善于寓意造景，并且景景不同，丰富美的感受，让人赏心悦目。古典园林的构成要素有筑山、理池、植物、建筑、书画等。古典园林中的建筑形式多样，有堂、厅、楼、阁、馆、轩、斋、榭、舫、亭、廊、桥、墙等都有独立的审美功能，它们也是人们的寄情之物，有着丰富的感情色彩，即"借景生情，托物言志"。

畅游苏州园林，处处洋溢着大自然的盎然生机。如拙政园、留园、沧浪亭、网狮园……用心体会匠师们因地制宜、别出心裁的设计手法，面积虽小，却以精取胜：亭台轩榭的布局，玲珑素雅；假山池沼的配合，曲折幽深；花草树木的映衬，明媚秀丽；近景远景的层次，潇洒活泼；园园花树相间顾盼，乔木灌木俯仰生姿，画意悠然。讲究山林野趣，追求朴实之美，充满闲适安静之感。

秀美、端庄、含蓄、幽静、雅致的古典园林给人以古朴、典雅、静谧之感，犹如美妙的音乐，演奏出和谐的艺术旋律，渗透出中国的民族气质和美学思想，体现了中国文化的独特魅力。要深入地了解园林建筑深刻的文化内涵，把握园林建筑文化的艺术精髓及其特征，这是画好园林建筑景观速写及弘扬民族传统园林建筑景观的关键。借鉴古典园林艺术的经验，汲取其精华，创造、建设今天的新型园林景观。

古典园林与现代景观速写赏析见图9-1～图9-43。

图 9 - 1

　　根据实际场景进行整体观察，分析哪些要素最能表达主题内涵，然后进行适当的取舍，与主题无关并且影响画面的要大胆删减，对画面有利的可以采用移景，使画面显得生动，主题更明确。

图 9 - 2

　　线条太疏或太密都不利于主次空间的表现。画面空间需要组织，对线的疏密进行取舍，这幅画就是在线条疏密对比的基础上，充分发挥线条的表现力，风格健雅，虽然场景已是冬季，但线条的表现使画面生动有趣。

图 9 - 3

　　这幅作品运用了针管笔的线条画法。以简单的明暗关系，使画面既有韵味，又有对比关系。突出了建筑的结构、空间、质感等重要因素。还深刻考虑到周边石头的表现手法，与建筑物达到协调一致。

图 9 - 4

　　山石水景、花草树木画时要注意造型中的留白，间隙间要有疏有密，前后景色要有层次。

图 9 - 5

　　运用排列的线条，刚柔相济，体现出山石的体积感，高低起伏富有变化，简洁明了，注意留白，切不可画满。

图 9 - 6

　　传统建筑中屋顶的瓦片，错综复杂是需要用心雕琢的。注意虚实变化，与严整中见活泼，不宜画的呆气，要疏密得当，也不能太平均，要有变化，用笔灵活。

图 9-7

　　用摆线的方法表现园石的肌理，有如刀削斧劈之感。很好地理解了园林叠石的技巧。构图布局紧凑，使画面视点集中，突出了景物的视觉冲击力。

图 9-8

　　线面表现是景观手绘中常见的一种绘画手法，以线为主，明暗为辅，使画面既有线条的韵味，又有强烈的黑白对比关系，优化整个画面的主次、层次、虚实的表达，反映了客观事物在图画当中的千姿百态，使画面丰富生动。

图 9-9

  线面表现，加强对明暗、阴影的描绘，明暗色块的对比不仅丰富画面内容，更增强画面自然山水景观的整体视觉感受，在线条表现的基础上起到了锦上添花的效果。

图 9-10

  运用线条表现画面的场景，充分运用线条表达形体、结构、空间、重量，传达线条的层次关系，灵活运用线条的疏密表现客观物象，使画面丰富生动，风格多样，分外灵秀，使人看了神清气爽。

图 9 - 11

　　假山蹬道水岸均为太湖石，色绎灰白、涡洞透漏。线条表现阴柔，构图自然生动。使人获得丰富的园林景观感受。

图 9 - 12

　　这幅作品是徽派建筑的局部刻画，用笔流畅，表现了枝繁叶茂的景象。同时用以直线勾勒徽派建筑特有的飞檐，细致刻画了飞檐上的砖瓦以及图案、吉祥物，代表了当地人的信仰。局部加以明暗修饰，使画面突出整体的层次感、远近感。

图 9 - 13

钢笔有粗有细，具有细部刻画深入的特点，故采用明暗光影的画法，对比强烈，形体更加突出。画时从局部开始，把整体观察后所产生的强烈情感和领悟到的美的因素，迅速转化为速写艺术语言，做到笔笔准确。

图 9 - 14

描绘时，要始终把握第一感的整体印象，边画边调整，始终把握局部服从整体的观念，只有这样才能做到挥洒自如、一气呵成。以上两幅图从不同角度描绘出武汉长江大桥雄伟气势与造型，利用精准的线条刻画大桥的质感。

图 9 - 15

　　这幅作品描绘了乡村景色，树木与乡村住户显示高低层次，乡村建筑适合多变额曲线、折线，表现村庄曲径通幽、枝繁叶茂的景象，加之中锋侧锋的巧妙运用，增强画面物象的历史、古朴之感。

图 9 - 16

　　运用线条的穿插与组合重点刻画主要物体，用线要统一，这样线条生动有弹性，运用精简、朴实的线条进行简洁有力的勾画，描绘私家别墅特有的质感与气质，无需过多的明暗修饰，也能达到情景交融、鲜明生动的画面效果。

图 9 - 17

　　这幅作品描绘了高级别墅的场景，采用光影的绘画手法，画面对比十分强烈，别墅形态突出，笔触纤细，细部刻画细致，场景光线充足，明暗对比强烈，植物线条排列有序，增添了一番情调。

图 9 - 18

　　根据树木花草不同的质感选择不同的表现形式，主次分明，植物间交错穿插，分析树木光影变化，调整植物之间的比例关系，注意画面的黑白灰关系。

图 9 - 19

　　场景中建筑与环境光线明暗对比强烈，采用线面结合的手法，场景中留白的屋顶与阴影里的暗面形成强烈对比，树冠的暗面与建筑的暗面黑白层次分明，线条排列有序，光感强，再现了实际场景。

图 9 - 20

　　这幅作品就是运用简单的单线线条的表现方法，运用断线描绘植物，形成了有断线密集排列而成的黑色块，运用长线概括出亭廊的主要形体，长短线的运用，使画面黑白对比分明，空间感强，画中线条挺拔有力，疏密对比强烈，节奏感强。

图 9-21

　　画面所形成线的整体韵味和节奏，是作者对物象的深入理解，对线条的娴熟运用。这幅画用笔洒脱，线条生动，柔中带刚，尽显张力。完整地表达了场景的空间感、节奏感。

图 9-22

　　针管笔与钢笔的巧妙结合，利用线条的粗细、疏密等技法把建筑主体结构明确的勾勒出来，层次丰富，技法灵动富于变化。

图 9 - 23

　　画面很完整，很详细地描绘出主体建筑旁边的环境。不同种植物的不同种表现方式，画面内容很丰富，对比强烈，并且透视效果明显，达到了较好的视觉效果。

图 9 - 24

　　这幅作品描绘的是现代感较强的联排建筑景观，现代建筑的描绘适合富有弹性的直线线条表现，多用钢笔、中性笔，线条笔直有力、轻盈简洁，塑造了建筑的高大雄伟。

图 9 – 25

　　同样这幅作品也描绘了现代建筑私家别院的场景，利用直线与曲线的配合，表达建筑与植物质感上的差异，多变的曲线、折线，线条粗中有细，构图巧妙，右下角加之花草植物的配景，增加画面生气，加强场景纵深感、空间感。

图 9 – 26

　　该幅作品描写了某公园一角小景，取舍得当，远处宽广而不空虚，近处细致而不凌乱，作者用随意而又条理的线条勾画了此地的景观小品。

图 9 - 27

表现复杂空间层次，运用长短、疏密不同的线组织黑白综合手法，表现了建筑简欧式的风格，很有情调，也有地域特点。画时注意了画面构图，建筑高低错落的平台，建筑结构的形态特征，黑白灰的和谐处理产生了强烈的视觉效果。

图 9 - 28

这幅公园速写，主要表达了景观植被的形态，运用疏密的线条表达了植物的远近虚实关系，另外分别运用不同的线条质感表达出不同的种类的植物，高大的、浓密的、稀疏的、茂盛的都分别表达地很清晰，画面充满了生机。画面表现性与设计意图非常明确，运笔手法灵活多样。

图 9 - 29

    这幅作品基本上是运用了比较干净利落的直线表达整幅画面,这样的场景是国外乡村别墅的形态,画面感觉非常宁静、祥和,充分表现了建筑与周围环境和谐的融为一体的感受。

图 9 - 30

    这幅作品运用了细腻的线条表达了一带滨水的建筑景观效果,建筑的表达方式使用了清晰的线条来表现,建筑下方的滨水植物结合曲线形式增添了整个画面的生机气氛,并且水域的表达使用了简单的直线表达了水中所反映的丰富景象。

图 9 - 31

　　这是一幅线面结合的现代建筑钢笔速写，画面构图合理，建筑线条强劲有力，能够表达出现代建筑特有的质感和味道；植物线条随意活泼，使作品充满生机。

图 9 - 32

　　这是一幅以线条为主的现代别墅速写，线条简洁流畅，以竖线和横线居多，清新雅致。

图 9 - 33

　　该幅作品中的别墅线条简单干练，周围植以适量的植物，空间层次丰富，突出了别墅的
天然野趣。

图 9 - 34

　　这是一幅以线条为绘画语言的钢笔画作品，作品以流畅的线条生动的刻画出建筑、植物
与石头特有的质感，特别是在石头的刻画上生动有趣，与远处的草亭相映成趣。

图 9 - 35

　　这幅作品同样也是突出表现了建筑前的景观造型，有郁郁葱葱的植物，以及造型奇特的
石质雕塑，复杂多变的植物与石雕造型衬托出植被后面中式建筑的庄重、大气，曲线与直线
的完美结合使画面生动活泼又不失稳重。

图 9 - 36

　　传统的园林建筑造型一直是中国建筑里的经典之作，这幅图表达了这种独特建筑的质感，
用简单的线条表达屋顶的形式，而下檐的立柱以及座椅、走廊则是以细腻繁复的表达方式，
加上植物的前后呼应更充实了整个画面。

图 9 – 37

　　赞美黄鹤楼的诗句有不少，它也被常常作为被描绘的对象。这幅图中作者运用了俯视远望的角度，完美地刻画了黄鹤楼、长江大桥、电视塔以及万里长江的景观效果，并且在图中着重刻画了黄鹤楼的形态，并用连贯的线条绘画了长江大桥，虚实有序，在图中起到了贯穿整幅图的作用。画面注重繁简疏密对比，突出了黄鹤楼的雄姿。

图 9 – 38

　　这幅作品画面效果使人感到十分清新，画面整体环境统一，组织能力强，技法娴熟，刻画得也比较深入，很好地表现了宏村江南水乡的意境，大的湖泊表现的透视感很强，水中建筑的倒影虚实有序，很好地与岸上的实体建筑形成对比，同时线条特点明确，运用的舒适得当，画面采用了广角的表现形式，凸显出了宏村如诗如画的水乡意境。

图 9－39

　　对于宏村的表现往往可以在同一个视角表现出不同的感觉，白墙、黑瓦形成鲜明的对比，小视角的构图表现一样可以吸引人的眼球，画面黑白灰表现的十分明确，前后分别呼应水中倒影以及建筑物后面的植物配景，使画面更加生机勃勃，加上作者即兴的文字书写让正副手绘更富有情趣。

图 9－40

　　这幅作品所表达的是渔家人的生活状态，在清澈的湖水中飘荡的几条打鱼的船舶，对于船舶的刻画也尤为深入，船头到船尾的透视效果，以及船上打鱼所用到的竹竿、渔网都细致地表现出来，笔法流畅没有多余的线条，对于水的表现运用直线与曲线粗略带过，更加突出了整体画面的重点和所要突出的物体，出色地表达了作者创作的心境。

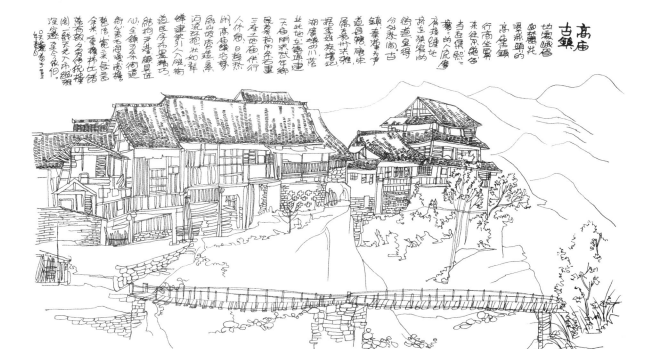

图 9－41

　　一般来说，建筑的表现是比较复杂的，这样一幅好的建筑手绘作品，是融入了作者对于建筑群体空间关系以及建筑结构的准确理解，画面主次分明，分别有细致刻画的表达方式，也有随意粗犷的表达方式。为了更好地突出所要表现的建筑形态，远处的山景与近处的吊桥运用了比较疏松的表现手法，有的甚至就仅仅一笔带过，这样就使画面的重点突出，使人一目了然。

图 9－42

　　这幅作品以线条为主，面的表现为辅助，把建筑与周围植物的结合很好地表现出来，建筑在植物之间前后穿插，若隐若现，利用直线与曲线的结合，很好地表现了植物与建筑质感上的区别，画面组合穿插十分合理，线条流畅。在建筑外观上的表达如实的刻画，并且运用了不同方向的线条，表现了复杂空间的层次感。

图 9 - 43

这是一幅表现建筑聚落景观的全景图。笔法娴熟，细腻而又生动的线条表现了聚落周围的植物树木，一气呵成体现了江南村庄的美感。同时对于建筑的表现运用错落有致的屋顶排列，稀疏有别，并没有把建筑都混为一谈，细致地表现了每一个建筑的形态、高低和特点，很好地表现了画面的节奏感。

第 10 章　欧式景观建筑速写赏析

图 10 - 1

　　利用仰望的视角、清晰的笔法、简洁的线条充分表达出武汉关钟楼的雄伟,线条坚韧有力并且富有弹性,拉长的线条加上两点透视的绘图效果,使画面纵深感极强,建筑物立体感极强,周围配置柔美的植物,用曲线所表达,与生硬的建筑物特予以呼应,得到缓和。

图 10 - 2

　　这是一个很有意思的视觉效果，类似于鱼眼镜头所产生的效果，作者微微采用了变形的
线条效果来表达建筑物体的圆润感，运用弧线较多，但又不觉得整幅图重心偏移，这个绘画
手法处理得很好，围栏上细致入微的花纹以及整洁干净的墙面注重加以区分，充分表现。

图 10 - 3

　　运用粗犷的线条表现欧式建筑的屋顶效果，并且呼应简洁清晰的直线表达下部墙体造型，
这样使建筑物富有厚重感，底部又利用不羁的表现形式表现植物自然属性与桥梁的敦厚质感，
明暗清晰，平衡了整个画面的构图效果。

图 10 - 4

　　这幅作品笔法娴熟，分别运用直线表现建筑的笔直挺拔，运用简洁的曲线表现了植物配景，突出表现了建筑的外观形式，用干净的植物配景衬托出了建筑的雄伟。

图 10 - 5

　　这幅作品是一种远场景的表达方式，将建筑的表现比较靠后，建筑前方留出很大一片草坪以及一些植被的表达，增强了画面的空间感，前后植物的表达也区分的很清楚，运用不同的手法同样达到突出主题的效果。

图 10 - 6

　　这是巴黎埃菲尔铁塔附近的一个景观小品，笔触干练整洁，表现了这个景观小品的质感，以及它经过时间的洗礼后斑驳的纹路，选择仰视的方法，显现出这个景观小品的高大，另外造型运用了虚实对比的手法，表现这个景观小品耐人寻味的美感。

图 10 - 7

　　这幅作品描绘的是巴黎圣母院大教堂经典的仰视角度，这属于哥特式建筑形式，它是法兰西岛地区的哥特式教堂群里面，是非常具有关键代表意义的一座。作者将其刻画的非常仔细，每一个建筑装饰都表达的比较清晰，建筑上的很多人物雕塑像也都逐一刻画，表现了建筑周围人山人海的景象，突出了当时热闹繁华的景象。

图 10-8

  这是典型的俄罗斯建筑，画面十分细致，具体到每一个建筑装饰、造型特点都刻画的非常具体，拱形的屋顶以及俄罗斯建筑典型的门窗都表达得淋漓尽致，作者想表现的建筑跃然纸上，即使没有植物的配景关系，仅仅三个人物的简单勾画，同样难掩整幅图的勃勃生机。

图 10 - 9

　　这幅手绘是欧洲典型的建筑形式，充分的表达了罗马柱的造型以及建筑顶部的人物造型，每一个建筑的细节都表达得很清晰，并且运用线条的疏密关系分别表现了建筑的迎光面以及背光面，对于建筑的表现十分具体。

图 10 - 10

　　此幅作品表现的是街角的一景，线条细腻准确，没有多余的、琐碎的线条，视角比较开阔，充分表达了街景的繁荣以及车水马龙的景象，并且虚实结合、明暗清晰，给人以视觉上的轻松，又不减视觉冲击力。

图 10 - 11

　　这幅手绘作品创作时间较长，线条精确细致，把建筑的每一个细节都细腻的表现出来，每一扇窗、每一个雕塑造型、每一个装饰文案都表现得淋漓尽致，这幅图采用了两点透视的绘画手法，拉长了整个画面的视角，具有很强的纵深感。

图 10 - 12

　　这幅手绘作品用细致的线条，清楚地表现出建筑的明暗关系，并且虚实结合、收放自如，将欧式建筑的特点表现得淋漓尽致，对于屋顶上方的人物雕塑刻画相对细致，是整幅手绘作品出彩的地方，线条疏密关系处理得很得当，突出建筑主体。很好地表现了欧式建筑的古典韵味。

图 10 - 13

　　这幅作品的表现手法很有意思，并没有突出重点去表现建筑的特点，也没有对于建筑的外观具体的细致刻画，而是让建筑退到了植被的后面，前面的植物刻画运用曲线表达，虚实有别，突出画面上纵向进深的视觉感受。

图 10 - 14

　　这幅作品表达了国外古典城堡的建筑形态，表现了古堡的巍峨效果，并且绘画元素方圆结合，线条表现虚实有序，清楚地表现出建筑的远近关系，线条运用手法娴熟，利用横向线条衬托出竖向建筑的挺拔；用暗部关系衬托出受光面的效果；运用虚衬托出主题的实。

图 10 - 15

  富有特色的欧式建筑运用了笔直的线条，完整地表现了整个建筑的形式、体量、质感，以及建筑本身历尽风霜的机理效果和历史沧桑感，准确地透视充分地表现了建筑的立体感，加上随笔的人物造型为坚硬的建筑形态增添了柔美的一面。

图 10 - 16

  画这幅作品的时候作者采用了独特的视角，一般作画时会找光线充足的，视觉清晰的视角，而这幅图表现的是建筑背光面的视觉感受，运用线条的排列将这幅图建筑的背光面也同样清晰地表现出来，充分表现了作者深厚的绘画功底。

第11章 配色速写赏析

图 11-1

在进行写生创作时应把选取的作画对象恰当的布置在画面中，有主体、有陪衬，画面的布局要在视觉上产生整体和谐、变化统一的对比关系。该作品很好地把握住了这一点，以石桥与民居作为画面的主体，植物作为陪衬，只作局部描绘。画面疏密相间，虚实相生，体现了水乡的灵动之感。

图 11-2

　　速写中建筑是刻画的主体。建筑物略显倾斜，近景处建筑用笔较多与远景处的建筑形成
近实远虚的效果。同时运用抖笔绘出建筑斑驳的墙壁，表达建筑的年代与古朴。

图 11 - 3

千年历史沧桑和浓郁吴地文化孕育的周庄，以其灵秀的水乡风貌，成为江南水乡的典范。
起稿构图准确地把握一点透视关系，用针管笔着重表现细节结构，线的曲直、粗细与虚实的
相互穿插，整幅作品自然且生动，勾勒出"中国第一水乡"古镇周庄的神韵。

梦里水乡
吴惠芳99.5.

图 11 - 4

  速写舍去或减弱不足以辅助形象特征的部位，使整个形与形、结构与结构之间、轻重与虚实对比之间有着不可分割的关系，达到整体美感的画面效果。

图 11－5

速写不是对自然的如实描写，更不以处理表面的黑白灰为要旨，而是对主体物的主要结构强调与概括，抓住那些最突出最生动，最能反映本质的外在现象，给予最凝练、生动、准确地表现。

双橋

由德桥和
永安桥纵
横相接，石
阶相连组
成双桥，位于
固庄角北部
建於明萬
历年間(1573-1619)
银子浜利南
北市河东西
联袂建造两
座石桥，桥面一
横一竪，桥洞一
方一圆，样子很
像古代的钥匙
船上人穿过
洞·颇有情趣
（以正视画固
庄钥匙桥）
二0三二年五月

图 11 - 6

　　双桥又称钥匙桥，由两桥相连为一体，造型独特，故因此得名。速写采用线描形式，利用不同线条变化体现出石的质感与水的柔美，与远处民居相呼应。碧水泱泱，绿树掩映，船儿穿过桥洞；临河的小楼粉墙黛瓦，虚掩的窗中飘出弦乐叮咚。

开缆街头
临水古街，
横宗缆，
旧时渔父
农妇提笼
挎篮带着
鱼虾菱藕
涌进镇里，夜
幕降临昏
黄的街灯慢
步走过万家灯俱
静的小镇老远
小街穿过小桥
或漫现宁静水
面或仰看凸凸一弯
星光便不屈里
隐二两故声实话
可促着冥思
瞑想尽情
享受小镇
细致风情

图 11 - 7

运用针管笔线描的画法，运用一点透视，空间的纵深感强烈，流畅的线条不仅勾勒出斑驳的墙面，圆亮的青石板路，特色的民居建筑，积淀着的周庄的历史与文化神韵。

图 11 - 8

作品大胆地忽略了远处的景物，对于远景的处理运用了舍弃的手法，突出表现了画面前部的石桥以及植被和水景的形态，作者重点把握了透视效果，使画面富有韵律感。

小桥
流川
人家

如此清幽
明争暗夺
孙车古镇
周庄随家
可见周在以
其典型的法
流川人家的
南水绵小桥
风貌致使人
奉中处涝人
留恋往返
周庄环境优
雅建筑吉村
之范桑仍
名历经900年
宝艺地保存
着原来的儿
乡保镇的
建筑风格。

吴如骏
牛五月

图 11 - 9

　　江南民居的人文特性在于它和水融为一体，不表现石阶、小桥、河道，就体现不出江南水乡的味道。作画者采用不同方法的线，表现不同的内容，准确把握两点透视，不仅仅是对建筑环境的直接感受，也体现出作画者对生活的理解及情感的抒发。

图 11 - 10

　　作品表现的建筑形态，笔法准确有力，精准地表现了水边木质结构的建筑质感，笔触整
洁排列，使建筑表现得更加清晰、笔直，虽然没有很多植物的衬托，但画面依旧生机盎然。

图 11-11

　　山间的小小村落，被绿树环抱，有小溪流淌，作品正是表达了这样的意境。加上木质结构的建筑结构，很好地与周围的环境融为一体，也体现了当地人民的生活态度，与亲近自然的建筑形式，很好地表达了实景的自然情形。

图 11 - 12

　　作品表现的是一条街道的入口，有宽大的台阶，郁郁葱葱的植被，以及房屋的结构表现，从建筑的另一个角度清晰地表现了建筑结构、形态以及材料，并且左边运用大山的一角来做补充，平衡了整体画面。

图 11 - 13

　　画面中建筑层次的变化是整个构图的核心，作品刻画得非常细致，透视效果也很准确，
让人有遐想的空间，人们联想的景象远远超出画面上所表达的景象，说明功夫在画外。

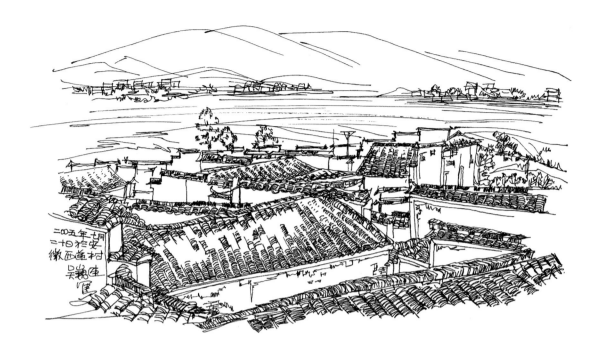

图 11－14

在景观建筑速写训练中，刻画的重点是画面中出现的主要形象。速写选择仰视的角度，用短线刻画建筑的一砖一瓦，屋顶是刻画重点，疏密有致，部分留白。远处山峦用线简练扼要，明确生动。

图 11 - 15

作品主要是从一个俯视的角度来表现当时的场景，区分石头质感的表现方式以及木质建
筑的表现手法，运用不同的笔触以及不同方向的线条表现了各个物体的相同点以及其差异性。

图 11－16

　　"一生痴绝处，无梦到徽州"，作品主要刻画的是徽州建筑，马头墙是其中的特色。起翘的屋顶，斑驳的墙面，部分留白处理都恰到好处，建筑前的植物采用具象的笔触勾画，表达出了徽派建筑的古老韵味。

图 11-17

这是凤凰古城街景内的表现，利用狭小的视觉空间，表现了建筑的密集感，画面正中间
处留白，来表现紧凑建筑中的一处天空，使画面透气感增强，避免了画面的闭塞感。

图 11 - 18

　　远处的物体是整个画面的虚景，采用直排线加点来表现，中景用多变的线条来描绘，以与远景相区别，近景是整个构图的中心，应加重分量，使之在构图上起到平衡和增加画面变化的作用。地面大量留白，突出建筑物的体量感。

图 11 - 19

　　该作品表现的是古建筑群落中的街景，利用一点透视的手法，使人们视觉集中在画面中心，同时在视觉集中的上方留白，作为天空的表现，这样一来视觉上留有呼吸的余地，画面出现"密不透风，疏可跑马"的意境。

图 11 - 20

　　作品构图别致，带动人的视觉，使画面的空间感以及纵深感增强。并且建筑的刻画比较
细致，路、桥以及石块的表现略微粗狂，大胆，充分的与建筑形成对比，加上大量的留白，
以及水中倒影的虚化，使画面生动不呆板。

图 11 - 21

　　通过独特的视角进行描绘，弯曲的小路与雄伟的建筑形成对比，画面刻画的深入细致但并不琐碎，加上石子路与石墙的恰当处理，表达了作者内心的感受，使画面富有艺术的气息。

图 11 - 22

　　一些旧建筑的墙壁，经年累月，多有黛痕，注意这些细节的刻画，也可以增加画面的情趣。斑驳的墙体与绿树的衬托，加上透视的准确表达，使画面雅致，立体感很强。

图 11 – 23

　　彩色手绘的表现力更强，利用简单的颜色就能充分地表现建筑物体的厚实感，使画面更有分量，再加上绿色的植物点缀，使得画面生机勃勃。结合马克笔与彩铅的配合，更完整地表现了场景的空间层次。

图 11 – 24

　　作品并没有用很复杂的线条，也没有填充很绚丽的色彩，只是用简单的黑白灰的面来表现建筑的体积感。加上图画前几笔简单的彩色点缀，就足以增加画面的色彩感。

图 11 - 25

　　作品运用马克笔的颜色表现的是安徽的民居，表现了当地建筑古朴幽深的感觉，虽然运用马克笔的色系相同，但是还是很好地表现出了建筑物黑白灰各个面的区别，并没有混为一体，画面中间加有人物的刻画，鲜艳的衣服，使作品足够吸引眼球。

图 11 - 26

　　作品表现手法很饱满，运用了同类色彩来充实整个画面。虽然笔法比较粗犷，但仍可以分别出道路、建筑、装饰以及行人的区别，建筑的细节处也亦然可以看出作者细腻的笔法，以及认真的态度。

图 11 - 27

作品表现的是湖南芙蓉镇的街景,分别用疏密不同的线条表现了街道两边不同的建筑,虚实结合,使画面具有透气感,笔触清晰准确,通过色彩表现出木质结构建筑特有的质感,以及肌理效果。台阶上憩坐着一位年迈的老奶奶,一缕阳光洒在她的身上,使画面安详、宁静。

图 11 - 28

作品的纵深感表现得很强,表现建筑近大远小的效果,同时虚实表现掌握得很好,近实远虚,使人视野开阔,并不觉得建筑间的道路狭小拥挤,笔锋整齐,下笔有力,很好的再现了当时的场景,令观赏者犹如身临其境。

图 11 - 29

　　"一线天光入集市"，这就是这幅作品所表现的意境所在。热热闹闹的集市上行人人来人往，对于建筑的线条表达十分精准，透视效果也是很好的，对于人物的刻画笔法十分熟练，简洁明了地表现了人物的形体特征与动作形态，每个人形态不一，加上天空与道路的留白，更着重突出了图画的重点。

图 11 - 30

　　这是一幅很漂亮的手绘彩图，颜色运用的很鲜艳饱满，包括对于建筑的刻画，也在保有原来建筑特有色彩的基础上，加以夸张的色彩对比，虽然对于植物的刻画并不是很多，但是色彩运用的丰富使画面跳跃感增强，生机盎然。

图 11 - 31

用明暗表现植物的前后关系，用色注意黑白灰的表现，着力体积塑造。

图 11 - 32

在画阵列式植物时要注意疏密变化和用笔的变化。

图 11 - 33

在色彩的表现上避免"花而乱"，注意每个景物细微色彩变化，不能过于雷同。

图 11 - 34

树叶的笔法随意流畅，注重树形的表现。色彩的表现应有利于植物质感的体现。

图 11 - 35

随意曲线表现树木，注意树干的穿插关系。色彩表达可以概括，同时要注意变化。

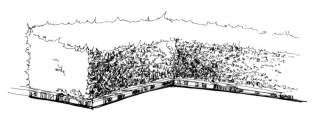

图 11 - 36

　　绿篱的表现要根据结构特点，在暗部表现可以多画，受光面可以简略笔触。

图 11 - 37

　　色彩表达可以根据结构、明暗及转折关系描绘，注意色彩的明度变化。

图 11 - 38

　　作品是运用线条与明暗相结合的表现方法，以线条为主，明暗为辅，表现了建筑明暗，强调了结构，体现面的转折关系，减弱光影在建筑上的影响，用笔有方向，根据面的方向适当的排线条，实中有虚、虚中有实，达到画面富有变化、整体而又和谐。

图 11 - 39

作品描绘了现代感较强的徽派建筑，运用简洁明快的手法描绘建筑，同时运用多变的线条描绘植物与配景，增添的画面的跳跃感，使画面增添生气。

图 11 - 40

树叶笔法随意流畅，用明暗表达植物的前后关系，展现画面生机勃勃。

图 11-41

　　刻画细致,运用清晰的线条描绘了小区园林一角的景致,远近虚实,用线的疏密关系表现物象的层次关系,空间纵深感强。

图 11 - 42

用笔协调，让面积"黑"的瓦片与面积"白"的瓦片形成对比，底部加以花草烘托，使
画面层次丰富，具有空间感、体积感。

图 11 - 43

　　运用线条表现画面的场景,充分运用线条表达形体、结构、空间、重量,传达线条的层次关系,灵活运用线条的疏密表现客观物象,使画面丰富生动,风格多样,使人看了神清气爽。

图 11－44

　　线条纤细，具有局部刻画的特点，采用光影的画法，画面对比强烈，形体突出。把从整体观察后所产生的强烈激情和所感悟到的美的因素迅速转化为艺术表现语言，要把握第一感觉的整体印象，画面调整时，始终把握局部服从整体的观念，只有这样才能挥洒自如地概括，流畅舒展的细节刻画。创作之前首先分析场景透视规律，确定透视场景，然后进行取景、构图、提炼、移景，把想要画的景象归类，然后从局部画起。作品描绘园林水景，注重建筑与周围景色的结合，植物有层次，远近虚实把握得很好，屋顶以留白处理。

图 11－45

    石头体块的表达，运用柔和的曲线、折线表现石体的坚硬质感、灵秀多变，黑白对比明显，运用山石的皴法加以描绘，能够充分地表现出山石的结构特点。塑造时要合理运用点线面黑白灰的关系，会增强画面的节奏感、韵律感、真实感。

图 11 - 46

　　创作之前首先分析场景透视规律，确定透视场景，然后进行取景、构图、提炼、移景，把想要画的景象归类，然后从局部画起。这幅图描绘园林水景，注重建筑与周围景观的结合，植物有层次，远近虚实把握得很好。

图 11－47

　　作品是由针管笔绘制而成，平行排列的线条可以表现小桥的体积感，掌握了光的作用下物体的中间色、明暗交界、反光、投影之间的黑白灰的处理，用明暗表达植物的前后关系，再以自热变化的规律加以刻画，主题鲜明，和谐统一。

图 11 - 48

　　亭台楼榭与植物相互配合，不可或缺，突出画面植物层次，园路留白，突出了中国园林的匠心与别致，构成了赏心悦目的画意。

参 考 文 献

［1］　饶平山，吴巍. 室内设计原理［M］. 武汉：湖北美术出版社，2004.
［2］　彭一刚. 中国古典园林分析［M］. 北京：中国建筑工业出版社，1986.
［3］　刘晓慧. 文心画镜［M］. 北京：中国建筑工业出版社，2002.
［4］　陈新生. 建筑钢笔表现［M］. 上海：同济大学出版社，2007.
［5］　王晓俊. 风景园林设计［M］. 南京：江苏科学技术出版社，2001.
［6］　夏克梁. 建筑风景速写基础［M］. 沈阳：北方联合出版传媒（集团）股份有限公司，2010.
［7］　陈炜. 景观设计表现技法［M］. 长春：吉林美术出版社，2008.
［8］　逯海勇，胡海燕. 景观设计表达［M］. 北京：化学工业出版社，2009.
［9］　王棋. 景观设计快速表达［M］. 北京：机械工业出版社，2008.
［10］　邹明. 建筑速写［M］. 南昌：江西美术出版社，2010.
［11］　彭军，王强. 手绘教学课堂·建筑速写［M］. 天津：天津大学出版社，2010.
［12］　张晓晶. 景观快速表现与手绘速写［M］. 北京：化学工业出版社，2010.
［13］　于亭. 建筑速写［M］. 北京：机械工业出版社，2010.
［14］　刘玉立. 建筑速写与设计表现［M］. 上海：同济大学出版社，2010.
［15］　江海涛，牛隽. 建筑风景速写［M］. 天津：天津大学出版社，2010.
［16］　叶金培. 园林创作与速写［M］. 北京：中国建筑工业出版社，2010.
［17］　朱明. 马克笔建筑速写表现［M］. 北京：机械工业出版社，2009.
［18］　何小弟，仇必鳌. 园林艺术教育［M］. 北京：人民出版社，2008.

后　记

"上帝赐予了这美好的艺术，它能赢得整个世界，整个自然，但我们要经受辛苦和等待"。

——奥地利史学家本内斯

岁月匆匆、寒来暑往 20 华年顶烈日，冒严寒写生不辍。斗转星移、春去秋来 30 春秋挥汗雨，修老茧勤笔伏案。十几年来记不清画了几本速写，仍痴迷于速写，因为速写凝聚着作者的许多精力和才情，也透着艺术不朽的慧光。在这个世界上人活得很仓促，然而人类创造了景观建筑艺术，建筑艺术传承了人类的光荣和梦想。人生可以很仓促，人的光荣和梦想却是一种永远，景观建筑艺术可以长久，人生同样可以长久！

速写是培养设计师创造能力不可缺少的造型艺术之一，通过日积月累的大量速写，不但训练了设计师敏锐的观察能力和纯熟的技巧、对建筑文化的感悟能力，而且能够培养丰富的想象能力，从而提高形象的创造和设计的能力。

速写是造型艺术，它可以提高人们的修养，陶冶人们的情操，对于从事建筑学、城市规划、景观设计、风景园林设计、环境艺术设计、室内设计等专业的工程技术人员而言，速写是必须掌握的一种工具语言，只有通过它才能把自己的思维和想象形象地表现于纸上，既而转化为设计图纸与他人进行对话，最后把想象变为现实。

速写是绘画的一种方式，是素描的一种表现形式，是画家日常生活和工作中的即兴写生。速写是用最简单的形式，在最短的时间内将观察到的和感受到的东西概括性地记录下来，这种感知是没有经过雕琢加工的，是直接的、简练的，内心世界自然地表达是最能体现作者造诣的绘画方式，为作者创造了自由挥洒的空间。

速写是一挥而就之事，画的过程中应达到物我相通的自然境界和自然流露，达到触景生情，挥洒自如的境地。

速写作为一个抽象的概念，其本身是无法赋予感情的，如果把作品通过"写"的方式表达出来那也能各领风骚，而且风情万种。

速写古老的民居，也速写着古老的话题，速写着人生一切的感知，用手中的画笔削成一个个故事，在虚实交错的线条之间寻找答案……徜徉在粉墙深巷，体会青砖石板堆砌出的辛酸与黛瓦覆盖的沧桑，品味斑驳岁月中的幸福与希望。每一块青砖，每一块牌匾，每一寸雕饰，每一座宅院，无不显示着中国古代建筑之美，也不断诉说着中国永不凋零的传统文化。所以速写出的老屋并不老，因为它承载了风雨，承袭了雪霜。

速写江南水乡，也速写着多情的水韵。摇着原汁原味的小船，品味千年积淀的文化，沿着水边石阶，数着风韵的小桥，追寻着儿时的梦想，随时可听槌衣声响。倚楼品茗，几时有笙箫阵阵？江南女子的软语歌声，敲动了多少心静如烟？看着古树斜阳，自问，你可懂得流水人家？只有在作品中尽情描绘江南之秀、水乡之胜，才可以表达内心的悸动！

速写古典园林，也速写着深邃的雅致。各种乔木、灌木、翠竹、奇石和景观小品让人内心充满诗情涌动的情怀。也许是对园林的一种偏爱，也许是某种心灵的契合吧，那山明水秀，花木扶疏，曲径通幽，莺飞草长，蜂欢蝶舞的怡人景观，让人品味着中国古代园林，体味着中国古人一以贯之的诗性的生存智慧。

速写欧式建筑，也速写着异国的情调。体味欧洲的古文明；宗教的神奇与魅力；那石的力量与挺拔；雕刻的精致与完美……

过去、现在都属于什么色彩？有欢笑相伴，鲜花相随，也有寂寞相依，泪水相连，有灰暗的天空，也有锦簇的大地，有鲜红的太阳，也有苍白的思念；写不尽的风情万种，理不清的羁羁绊绊，无论什么颜色，我们都曾拥有；任何走过，今天都已结束，寻找明天，速写生命的真色。

自然是恩师——春的盎然，夏的炙热，秋的苍凉，冬的宁静，都充满着生命的勃勃生机，诗意般的大自然，使人留恋，让人陶醉。而一份"速写"，就是一份真情，有时也要承受凄切的感慨，真的只有经历相同的人才能深深体会个中滋味，情深如许，非真情不能也。

窗外的月亮升起来了，真圆！真静！

谨以此书献给挚爱我们和我们挚爱的亲人、朋友及热爱生活和设计的人们！祝福所有的人把握今天，享受已有的幸福。

著者

2013 年 6 月